构建数据湖仓

[美] 比尔·恩门（Bill Inmon）

[美] 玛丽·莱文斯（Mary Levins）

[美] 兰吉特·斯里瓦斯塔瓦（Ranjeet Srivastava）　著

上海市静安区国际数据管理协会　译

清华大学出版社

北 京

北京市版权局著作权合同登记号　图字：01-2022-7129

Building the Data Lakehouse，Copyright ©Technics Publications，2021
Author：Bill Inmon，Mary Levins，Ranjeet Srivastava
ISBN:9781634629669

图书在版编目（CIP）数据

构建数据湖仓 /（美）比尔·恩门 (Bill Inmon)，（美）玛丽·莱文斯 (Mary Levins)，（美）
兰吉特·斯里瓦斯塔瓦 (Ranjeet Srivastava) 著；上海市静安区国际数据管理协会译 . —北京：
清华大学出版社，2023.1（2024.1重印）
书名原文：Building the Data Lakehouse
ISBN 978-7-302-62447-9

Ⅰ．①构…　Ⅱ．①比…②玛…③兰…④上…　Ⅲ．①数据处理　Ⅳ．① TP274

中国国家版本馆 CIP 数据核字 (2023) 第 016837 号

责任编辑：张立红
封面设计：钟　达
版式设计：方加青
责任校对：赵伟玉　卢　嫣
责任印制：沈　露

出版发行：清华大学出版社
　　　　　网　　　址：https://www.tup.com.cn，https://www.wqxuetang.com
　　　　　地　　　址：北京清华大学学研大厦 A 座　　　　　邮　　编：100084
　　　　　社 总 机：010-83470000　　　　　　　　　　　邮　　购：010-62786544
　　　　　投稿与读者服务：010-62776969，c-service@tup.tsinghua.edu.cn
　　　　　质 量 反 馈：010-62772015，zhiliang@tup.tsinghua.edu.cn
印 装 者：小森印刷霸州有限公司
经　　销：全国新华书店
开　　本：170mm×240mm　　　印　　张：12　　　字　　数：184 千字
版　　次：2023 年 3 月第 1 版　　印　　次：2024 年 1 月第 2 次印刷
定　　价：68.00 元

产品编号：099868-01

编译委员会

组长： 胡　博
成员（按姓氏笔画排序）：

于冰冰　马大林　王　昊　王　彪　毛　颖　代国辉
刘　文　李冬晓　汪广盛　宋秋明　张海彪　张　新
张璐璐　林建兴　侯　德　黄万忠　彭文华　裴婷婷

原书致谢

感谢 Databricks 公司巴拉斯·高达（Bharath Gowda）所做的贡献。当我们在荒野中徘徊时，巴拉斯总是能将我们带回文明。我们衷心感谢他对本书的贡献。

此外，我们感谢来自同一家公司的肖恩·欧文（Sean Owen）和杰森·波尔（Jason Pohl）的贡献，谢谢你们。

作者序

应用程序产生之后，支撑它的数据技术首先是数据库，接着是支持事务处理的数据库，再就是数据仓库。随之而来的还有一组全新的数据类型：文本数据、模拟数据与物联网数据。

然而在整个技术变革的过程中，改变的只是技术，企业对数据的需求实际上并没有随着时间的推移而变化，这些需求从来都是：

- 可信；
- 精确；
- 完整；
- 容易获得。

于是，数据湖仓的概念横空出世了。

在此之前还有一个概念叫数据湖。数据湖是技术人员放置数据供终端用户事后进行分析的地方，但很快这些数据湖就会变成"数据沼泽"或"数据臭水沟"，没有人能从中找到任何东西。即便是他们真的找到了点什么，他们也难以弄清这些数据意味着什么。

为了清理沼泽，数据湖仓演化而成！

在数据湖仓中，分析师不但可以找到数据，还可以驾驭这些数据。

本书旨在介绍数据湖仓。

在许多方面，数据湖仓本质上就是数据仓库的化身。数据湖仓和数据仓库之间的区别在于，数据仓库原则上只处理结构化、基于事务的数据，而数据湖仓处理基于事务的数据、文本数据以及模拟数据与物联网数据。

非常感谢 DAMA（国际数据管理协会）中国将这本书翻译成中文，我希望这本书能让每位读者受益。

比尔·恩门

2022 年 9 月 17 日

于美国科罗拉多州丹佛市

译者序

DAMA 在中国的发展一直是由知识传播驱动的，自 2009 年组织中国志愿者成立团队伊始，就进行了《DAMA 数据管理知识体系（DMBOK）指南》的中文翻译和出版。《DAMA 数据管理知识体系（DMBOK）指南》由 DAMA 组织内众多数据管理领域的专家联合编著，较为深入地阐述了数据管理各领域的完整知识要点，一经推出就成为数据管理、数据治理工作者案头必不可少的读物，更是不少人士学习数据管理知识、从事数据治理工作的入门教材。可以说，这本书奠定了 DAMA 在国内外数据管理领域的权威。2020 年，DAMA 已在中国蓬勃发展 10 多年，并再次组织志愿者翻译了《DAMA 数据管理知识体系指南（第二版）》，同时在上海注册了秘书处机构。基于 DMBOK 推出了中国本地化的数据从业人员资质考试认证体系包括数据治理工程师（CDGA）认证、数据治理专家（CDGP）认证以及首席数据官（CCDO）认证。新的知识体系的翻译和考试认证的推出进一步激发了国内数据爱好者的热情。单从认证考试者的参与热情来说，在认证体系推出的首年，报名参加考试的人数就接近 3000，而在认证体系进一步成熟的今天，每一次参与认证考试的人数都超过了首年的报名人数，这表明认证工作取得了阶段性的成功。这本书在出版后也将作为 CDGP 和 CCDO 认证的指定教材之一。

感谢原著作者比尔·恩门（Bill Inmon）、玛丽·莱文斯（Mary Levins）和兰吉特·斯里瓦斯塔瓦（Ranjeet Srivastava）给我们带来这本好书，并将中文版授权给 DAMA 中国团队进行本地化翻译。细心的读者会发现，这本书的中文版与英文原版的篇幅还有些许不一样：是的，最后一个章节是英文原版没有的部分，也是数据仓库之父送给中国读者的额外礼物。

本书的作者有三位，译者则是一个团队。本书的出版还要感谢本书翻译组的全体成员，依各自负责的章节进行排序，他们分别是裴婷婷（引

言)、林建兴(第一章)、张海彪(第二章)、宋秋明(第三章)、彭文华
(第四章)、李冬晓(第五章)、胡博(第六章、第十六章)、代国辉(第
七章)、于冰冰(第八章)、刘文(第九章)、马大林(第十章)、张璐璐
(第十一章)、王昊(第十二章)、张新(第十三章)、侯德(第十四章)和
王彪(第十五章)。此外,张璐璐还协助我对全书大部分插图进行了校对
和整理。感谢 DAMA 中国的理事们,特别是汪广盛、黄万忠、毛颖、郑
保卫等人,他们都亲自参与了本书的审稿工作,也为本书的出版付出了大
量辛勤的工作。同样感谢清华大学出版社的张立红老师,她的辛勤工作是
这本书能够在第一时间与各位读者见面的关键。

最后感谢协会的信任,让我有机会担任这本书的翻译组组长,这也是
我参与 DAMA 中国志愿工作 10 多年来首次负责一本书的翻译工作。需
要跟各位读者说声抱歉的是,虽然我内心非常希望中译本能做到信、达、
雅,但受知识水平和翻译能力所限,译文难免还会佶屈聱牙和错误频出,
还请各位读者包涵并批评指正。

感谢大家!

DAMA 中国理事　胡博博士

2022 年 6 月 18 日于深圳

目　录

引 言

与过去相对简单的应用程序不同，当今的应用形态丰富多样，各种类型的数据、技术、硬件和小工具等充斥着这个世界。数据以不同的形式从四方涌来，甚至体量多得有些令人无法招架。

数据是用来分析的。对于企业等组织，可分析的数据有三种类型。首先是经典的结构化数据，这种类型的数据出现最早，存在时间最长，是由业务开展所产生的。其次是文本数据，这些数据可能来自电子邮件、呼叫中心的通话记录，也可能来自商业合同、医疗记录或其他文本数据。对于计算机而言，文本数据一度是个"黑匣子"，因为它只能被计算机存储而不便于分析，但如今文本的提取、转换和加载（ETL）技术为处理文本数据进行标准化分析大开方便之门。最后是模拟数据和物联网数据，各种类型的机器，例如无人机、电子眼、温度计和电子手表等都能产生这样的数据。模拟数据和物联网数据的形式比结构化数据或文本数据要粗糙得多，并且有大量数据是自动生成的，这类数据多属于数据科学家研究的范畴。

起初，我们把上述这些数据都扔进了一个叫作"数据湖"的坑洞里。但我们很快发现，仅仅把数据丢进去似乎毫无意义。因为如果要想让数据能够发挥作用，它就需要被分析，而分析数据则需要：

（1）将数据与其他数据相互关联；

（2）需要数据湖自身拥有分析基础设施并向终端用户提供服务。

除非我们满足这两个条件，否则数据湖就很容易变成"数据沼泽"，而这个沼泽在一段时间后便会开始变味发臭。

总而言之，不满足分析标准的数据湖只会浪费时间和金钱。

而数据湖仓正是针对上述需求和当前不足而诞生的。它在数据湖的基础上增加了一些要素，能够让数据变得有用且富有成效。换个方式来说，如果现在你还在构建一个数据湖，而没有将其升级转变为数据湖仓的话，那你构建的仅仅是一个昂贵且碍眼的东西，随着时间的推移，它只会变成沉重的负担。

在数据湖仓的所有新增要素中，第一个是用于数据分析和机器学习的分析基础设施（analytical infrastructure）。分析基础设施包括一些广为大家所熟悉的东西，当然也包括一些可能大家还有些陌生的概念。比如：

- 元数据；
- 数据血缘；
- 数据体量的度量；
- 数据创建的历史记录；
- 数据转换描述。

数据湖仓的第二个新增要素是识别和使用通用连接器。通用连接器允许合并和比较所有不同来源的数据。如果没有通用连接器，就很难（实际上是几乎不可能）将数据湖仓中的不同数据关联起来。但有了这个东西，就可以关联任何类型的数据。

使用数据湖仓，就有可能实现任何其他方式都不可行或不可能实现的某种程度的数据分析和机器学习。但与其他架构一样，我们需要理解数据湖仓的架构及其能力，以便于我们基于这种架构创建数据分析蓝图和开展数据分析规划。

第一章

向数据湖仓演进

世间万物的演进通常需要很长时间，有的甚至长达数亿年。万物的演进速度如此缓慢，以至于我们无法在日常的生活场景中察觉到任何变化的蛛丝马迹。对这种日常演进的观察，好比刻意去盯着油漆风干的过程一样，时间漫长且又令人不知不觉。然而例外的是，自 20 世纪 60 年代以来，计算机技术的发展和演变一直在以夸张的速度曲速前进。

1. 技术的演进

曾几何时，在计算机诞生之初，计算机的结构是非常简单的。数据被输入，被处理，然后再被输出。只不过在最早的时期，数据是以穿孔纸带（paper tape）的形式被输入和存储的，这种穿孔纸带虽然实现了信息输入的自动化，但只能以固定的格式存储极少量的数据。随后出现了打孔卡片（punched card），这种打孔卡片的规格大小是固定的，但打孔卡片存储大量的数据，往往要消耗大量的纸张，并且一旦任何一张卡片掉落，就得进行极其费时费力的工作来重新恢复卡片顺序。

接着，磁带（magnetic tape）引领了现代数据处理技术的发展，为存储和使用非固定格式的海量数据打开了大门。然而新问题是，要在磁带中寻找某条特定的记录，就必须搜索整个文件。换句话说，磁带文件是按照顺序进行检索的。并且当时的磁带非常容易受损，也没办法用来长时间保存数据。

很快，出现了磁盘存储器（disk storage）。磁盘存储器引入更加直接的数据存取方式，真正为现代 IT 打开了更为宽广的通路。在磁盘存储器中，不需要按顺序检索数据就可以直接找到所需记录。尽管早期仍旧存在磁盘使用成本高和不容易获得的问题，但相对而言，磁盘存储器的费用已经大大降低，而且随着时间的推移，大容量磁盘存储器变得越来越廉价并且越来越容易获取。

1.1 在线事务处理

> 能够直接访问数据为高性能、可直接存储数据的应用程序打开了大门。

正因为可以使用更高性能和更加直接的方式对数据进行存取，在线事务系统（online transaction system）的产生和应用成为可能。从那时开始，计算机正式被引入商业，并成为支撑其系统的一部分，这才有了当下企业的在线预订系统、银行柜员系统、ATM 系统等。计算机从此可以直接与客户进行交互。

在计算机发展的早期，计算机往往用于处理一些重复性的事务。但是随着在线事务处理（online transaction processing，OLTP）系统的出现，计算机开始在与客户直接交互的场景中崭露头角，并发挥积极作用，这也显著地提高了计算机的商业价值。

1.2 计算机应用程序

很快，各种各样的应用程序便如雨后春笋一般出现，并且应用到了各行各业，如图 1-1 所示。

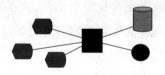

图 1-1　因不同目的而产生的各式计算机应用程序

1.3 数据的可靠性问题

随着各种应用程序被广泛使用，一个全新的、意想不到的问题出现了。在计算机发展的早期，终端用户（end user）总是抱怨自己没有数据。但在被大量应用程序包围甚至淹没之后，终端用户又开始抱怨自己没法找到合适的数据。

终端用户从无法找到数据变成了无法找到合适的数据，这看起来是一个微不足道的转变，但绝非寻常。

应用程序不断涌现，数据可靠性的问题也随之而来。同样的数据出现在许多地方，却往往有不同的取值。要做出正确决策，终端用户必须在许多可用的应用程序中找到一个正确版本的数据，以确保其准确可信，如图 1-2 所示。当终端用户没有找到或没有使用正确版本的数据时，往往就会导致糟糕的商业决策。

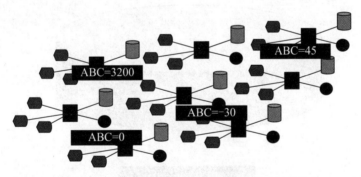

图 1-2 找到正确的数据来支撑决策是一项艰巨的任务

最初很少有人能理解，找到正确的数据本身就是一项挑战。但随着时间的推移，人们开始认识到寻找用于决策的正确数据的复杂性。人们慢慢发现自己需要的可能是一种新的架构或方法，而不是简单地创建更多新的应用程序去解决问题。有时候，单纯地投入更多的计算机、技术和咨询顾问会使与数据可靠性相关的事情变得更糟糕，而非更好。

引入更多的技术可能会让数据缺乏可靠性的问题变得更加严重。

1.4 数据仓库

历史的车轮转到数据仓库（data warehouse）的时代，数据仓库将分散在各个应用程序中的数据复制到一个独立的物理位置中。因此，数据仓库成了解决上述问题而产生的一种新的体系结构化的整体解决方案。

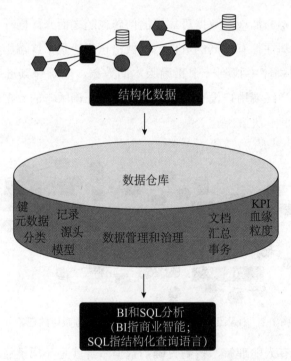

图 1-3 围绕数据仓库建立一个全新的基础设施很有必要

这种架构始于将数据集成并整合到一个独立的物理位置中。若要成功落地这种架构，开发人员就必须围绕数据仓库构建一个全新的基础设施，如图 1-3 所示。这种围绕数据仓库构建的基础设施使得数据仓库中已获得的数据变得更加可用和便于分析。换句话说，与数据仓库的重要性一样，如果没有分析基础设施，终端用户在数据仓库中几乎无法发现什么新的价值。这些分析基础设施包括：

- 元数据（metadata），关于数据所在位置的指引；
- 数据模型（data model），对于数据仓库中所管理的数据的抽象；
- 数据血缘（data lineage），数据仓库中所获取数据的起源和转换过程的描述；
- 汇总（summarization），对于在数据仓库中创建数据的算法工作的描述；
- KPI，关键绩效指标之所在；
- ETL，将应用程序数据自动转换为通用数据的技术。

1.5　历史数据的问题

数据仓库还为数据的分析处理打开了更多新的大门。在数据仓库之前，没有合适的地方可以轻松高效地存储较旧的归档数据。企业等组织在其业务系统中存储一周、一个月甚至一季度的数据是再正常不过的，但很少有组织会存储一年或五年的数据。自从有了数据仓库，组织可以存储十年甚至更长时间的数据。

能够将具有时间价值的数据长时间保存起来是很有意义的。例如，当组织开始对客户的购买习惯产生兴趣时，了解客户过去的购买模式就有助于理解其当前行为并预测其未来的购买模式。

过往的历史数据成为预测未来的重要依据。

数据仓库为分析领域增加了数据存储时间这一维度。从此以后，处理历史数据对于组织不再是一种负担。

与数据仓库一样重要和有用的是，数据仓库大多集中于对结构化的、业务交易所产生的数据进行存储和处理。需要特别指出的是，许多其他类型的数据在结构化环境或数据仓库中并不适用。

技术的演进并没有随着结构化数据的出现而戛然而止。很快，许多不同来源的数据出现了，呼叫中心、互联网以及各种机器都会产生数据，数据似乎变得无处不在。这种演进仍在继续，远远超出了结构化的、业务交易所产生的数据范畴。

随着企业等组织中文本、物联网、图像、音频、视频等数据种类的增加，数据仓库的局限性变得日益突出。另外，机器学习（machine learning，ML）和人工智能（artificial intelligence，AI）的兴起带来了迭代算法，上述局限性变得愈发明显，因为迭代算法并不是基于 SQL 对数据进行直接访问和运算的。

2. 组织内的全部数据

在大多数情况下，数据仓库都以结构化数据为中心。但现如今，组织还拥有许多其他数据类型。要查看组织中存在哪些数据，可参考图 1-4。

图 1-4　数据类型

结构化数据（structured data）通常是由组织为执行日常业务活动而生成的基于事务处理的数据（transaction-based data）。但还有一些其他类型的数据，比如文本数据（textual data）是由公司内部的函件、电子邮件和对话生成的数据。其他非结构化数据（unstructured data）也有更多来源，如物联网、图像、视频和模拟数据（analog-based data）。

2.1　结构化数据

结构化数据是最早出现的数据类型。在大多数情况下，结构化数据是事务处理的副产品。一条记录往往在执行事务时被写入，事务可能是销售、付款、通话、银行活动或其他类型。每一条新产生的记录的结构都跟以往的记录结构相似。

可以通过一个银行办理存款业务的场景来认识这种相似的处理方式。当一个银行客户走到出纳员窗口办理一笔存款业务后，下一个人也来到这个窗口办理了一笔存款。这两笔存款记录的结构实际上是相同的，只是它们的账户和存款金额有所区别。

我们称这种数据为"结构化数据"，是因为相同的数据结构被写入和反复重写到数据中。

通常，结构化数据有许多记录，每个事务行为都会产生一条记录。很显然，正是由于各种事务都非常接近商业核心，因此结构化数据的商业价值特别高。

2.2　文本数据

影响原始文本可用性的一个主要原因是，仅仅靠阅读和分析原始文本来处理文本数据往往是不够的，还必须结合产生文本数据的上下文情境（context）去理解原始文本。

分析文本，必须同时理解文本内容及其上下文情境。

此外，我们还需要理解文本的其他方面的要素。我们必须考虑文本的多语种形态，如英语、西班牙语、德语等。有些文本是可预测的，还有些文本是不可预测的。分析可预测的文本与分析不可预测的文本的方法是完全不同的。深入分析文本的另一个障碍是，同一个词可以有多种含义。比如"record"这个词可以指一首歌的黑胶唱片，也可以指一场比赛的记录，这种情况不胜枚举。还有，试图理解和分析原始文本的人也是关键，即人的因素也是一种常见的分析处理障碍。

2.3 文本 ETL

幸运的是，以结构化格式创建文本是可以实现的，这种技术被称为文本的提取、转换、加载，即文本 ETL（textual ETL）。使用文本 ETL 可以读取原始文本并将其转换为标准的数据库格式，同时识别文本和上下文情境。这样就可以开始整合结构化数据和文本内容，也可以就文本内容进行独立的分析。

2.4 模拟数据和物联网数据

诸如汽车、手表或生产设备的运行会产生模拟数据（analog data）。只要机器在运行，它就会持续输出测量数据。测量数据可能有很多内容：温度、化学成分、速度、日期，等等。事实上，模拟数据往往来源于被同时测量和捕获的许多的不同变量。

电子眼、温度监测仪、视频设备、遥感勘测、计时器等都是模拟数据的来源。

产生模拟数据是很正常的，机器在实时运行过程中，通常每秒、每十秒或者每分钟都会产生测量数据。事实上，大多数在正常范围内的测量数据可能不一定有意义或可用。但偶尔会出现超出正常范围的测量数据，这就特别值得关注。

捕获和管理模拟数据和物联网数据的挑战在于：

● 要捕获和测量什么类型的数据；
● 数据采集的频率；
● 正常的值域。

其他挑战包括采集的数据体量、数据的经常性转换、异常数据的排查和移除、模拟数据与其他数据的关联，等等。通常要将正常值域内的数据存储到主存储器，将偏离正常值域的数据存储到单独的存储器。另一种存储数据的方法与解决问题相关，有些类型的数据比其他类型的数据更适合解决问题。

模拟数据的分析人员应特别注意以下三点：

- 数据的具体值；
- 多频事件中的数据趋势；
- 模式的关联性。

2.5 其他非结构化数据

> 如今，企业生成的大部分数据都属于非结构化数据，诸如图像、音频和视频内容。

由于这些数据通常缺少表结构，因此也就没办法将这些数据存储在典型的数据库中。而大量模拟数据和物联网数据的产生使得存储和管理这些数据集的成本奇高。

单独使用 SQL 接口来分析非结构化数据也很难实现。而随着更加廉价的对象存储（blob storage）在云端部署，企业等组织也开始认识到这些数据集的潜力——灵活易用的云计算和机器学习算法可以直接访问非结构化数据。

下面介绍一些新兴的非结构化数据的应用示例。

2.5.1 图像数据

- 医学图像分析，帮助放射科医生分析 X 射线、CT 和 MRI 扫描结果；
- 酒店和餐厅的图像归类，对物料和食品图片进行分类；
- 针对产品发现的视觉搜索，以改善电商企业的用户体验；
- 社交媒体图像的品牌识别，用于营销活动中的社群定位。

2.5.2 音频数据

● 自动转录呼叫中心音频数据，以提供更好的客户服务；

● 对话性人工智能技术，以近似于人类对话的方式来识别语音和
交流；

● 音频人工智能，描绘制造工厂中产生的各种机器声学特征，以主动
监控设备。

2.5.3 视频数据

● 店内视频分析系统，提供人员计数、队列分析、热图等功能，以了
解人们如何与产品互动；

● 视频分析，以自动跟踪库存并检测制造过程中的产品故障；

● 视频数据，提供深度应用数据，帮助决策者和政府部门决定公共基
础设施何时需要维护；

● 人脸识别，使得医护人员能够及时发现痴呆症患者是否离开以及何
时离开医院，并做出适当的反应。

3. 商业价值在哪里？

不同类别的数据具有不一样的商业价值，如日常活动的商业价值、长
期战略性商业价值、管理和操作机器设备所产生的商业价值等。

毫无疑问，结构化数据和商业价值之间存在着非常强的关系。事务数
据和结构化数据的生成场景正是组织所开展的日常商业活动。同样，文本
数据和商业价值也紧密相关，文本往往就是商业本身的重要组成结构。

但模拟信号和物联网与今天的商业活动存在着一种不同的商业联系。
组织通过接入海量云计算资源以及利用机器学习框架，开始认识到了模拟
信号和物联网数据的潜在价值。例如，组织使用图像数据来识别生产制造
中的质量缺陷，使用呼叫中心的音频数据来分析客户情绪，以及利用诸如
石油和天然气管道的远程操作视频数据来实施预测性维护等。

4. 数据湖

数据湖是组织中所有不同类型数据的集合。

数据湖（data lake）中的第一种数据类型是结构化数据，第二种数据类型是文本数据，第三种数据类型是模拟数据和物联网数据。存储这些数据面临诸多挑战，其中之一是，模拟数据和物联网数据的形式和结构与数据仓库中的典型结构化数据完全不同。而更复杂的是，数据湖中不同类型数据的数据量往往也存在巨大差异。通常相比其他类型数据的数据量而言，模拟数据和物联网数据在数据湖中占大多数。

数据湖是企业卸载其所有数据的地方，它具有低成本的存储系统和文件 API（Application Programming Interface，开放应用程序编程接口），可将数据保存为通用和开放的文件格式，诸如 Apache Parquet 和 ORC 等（如图 1-5 所示）。使用开放的文件格式可以使数据湖中的数据直接被其他分析引擎访问，例如机器学习系统。

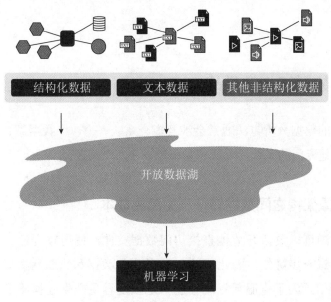

图 1-5　数据湖使用开放格式

起初，人们以为所需要做的只是提取数据并将其放进数据湖中。一旦数据进入数据湖，终端用户就可以一头扎进去，找到数据并进行分析。然而，人们很快发现，使用数据湖中的数据与仅仅将数据放到湖中完全是两码事。换句话说，终端用户的需求与数据科学家的需求是完全不同的。

终端用户通常遭遇到的各种障碍：

● 数据在哪里？

● 一个数据单元与另一个数据单元有何联系？

● 这些数据是最新的吗？

● 这些数据有多准确？

由于缺乏关键基础设施特性的支持，数据湖的许多预期都没有能够完全实现，例如，不支持事务处理，未实施数据质量管理和数据治理，以及性能优化不佳等。因此，企业中的大多数数据湖已经成为"数据沼泽"（data swamp）。

在"数据沼泽"中，数据犹如一潭死水而无法使用，并随着时间的推移而"腐烂"。

---

5. 当前数据架构的挑战

常用的数据分析方法通常会涉及多个系统——一个数据湖、几个数据仓库及其他专门的系统，一般容易出现以下三个问题。

5.1 双重架构之间数据转移产生高昂成本

数据湖可以灵活开放地直接访问数据文件，使用较为便宜的存储器使得成本进一步降低，因此超过 90% 的模拟数据和物联网数据可以存储在数据湖中。为了克服数据湖性能不足以及容易产生数据质量问题等难题，企业使用 ETL 将数据湖中的一小部分数据复制到下游数据仓库中，以获得对最重要的决策的支持和实现 BI 应用。在这种双系统架构中，需要对数据湖和数据仓库之间的 ETL 数据进行持续性的工程监控。每个 ETL 步骤都有可能导致故障或引入降低数据质量的缺陷（bug）。很显然，确保数据湖和数据仓库的一致性是非常困难和成本高昂的。同时 ETL 也会集成数据。

5.2　对机器学习的支持有限

尽管有很多关于机器学习和数据管理的研究，但没有一个先进的机器学习系统（如 TensorFlow、PyTorch、XGBoost）能够很好地应用到数据仓库之中。与只提取少量数据进行分析的商业智能系统不同，机器学习系统使用更为复杂的 NoSQL 代码处理大型数据集。

5.3　缺乏开放性

数据仓库将数据固定转换为专有格式，从而增加了将数据或工作负载迁移到其他系统的成本。由于数据仓库只提供 SQL 访问，因此很难运行其他分析引擎，如机器学习系统。

6. 数据湖仓的出现

在"数据沼泽"问题产生之后，出现了一种名为"数据湖仓"（data lakehouse）的新型数据架构（如图 1-6 所示）。数据湖仓有几个组成部分：
- 来自结构化环境的数据；
- 来自文本环境的数据；
- 来自模拟与物联网环境的数据；
- 一种允许其数据被读取和分析理解的分析基础设施。

通过实现与数据仓库类似的数据结构和数据管理特性，并直接使用数据湖低成本的数据存储方式，这种新的开放性的、标准化的系统设计使分析模拟数据与物联网数据成为可能。

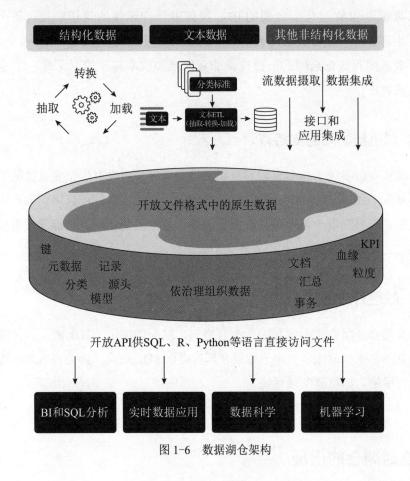

图 1-6 数据湖仓架构

数据湖仓架构建立于现有数据湖的基础上，解决了前文讨论的当前数据体系架构的主要挑战。

在数据湖仓架构中，建造模拟与物联网组件的六个步骤如下。

6.1 采用数据湖优先的方法

由于数据湖已经将大多数结构化数据、文本数据和其他非结构化数据存储在低成本存储器中（如 Amazon S3、Azure Blob 存储、谷歌云），应充分发挥数据湖中可获取的模拟数据和物联网数据的影响力。

6.2 为数据湖带来了可靠性和质量保障

- 事务支持：当多方并发读写数据（通常使用 SQL）时，利用 ACID 事务来确保数据的一致性；
- 模式支持：提供支持星形、雪花模型的模式架构，并提供稳健的治理和审计机制；
- 模式约束：提供指定所需模式并予以强制执行的能力，从而规避导致数据损坏的不良数据；
- 模式演进：允许数据不断更改，使终端用户能够对自动化应用的模式表进行更改，而不需要烦琐的数据定义语言（DDL）。

6.3 增强治理和安全控制

- 数据操作语言（DML）支持通过 Scala、Java、Python 和 SQL API 合并、更新和删除数据集，得以遵从《通用数据保护条例》（GDPR）和《加利福尼亚州消费者隐私法案》（CCPA），并简化了变更数据捕获等应用；
- 历史记录提供了关于对数据所做的每次更改的详细记录，并提供了对相关更改的完整审计跟踪；
- 数据快照使开发人员能够访问和还原早期数据版本，并进行审计、回滚或复现实验；
- 基于角色的访问控制：为表的行与列级别提供了细粒度安全和治理。

6.4　优化性能

通过利用文件统计信息和数据压缩来调整文件的大小，启用各种优化技术，如缓存、多维集群、Z 排序（Z-ordering）和数据跳跃（data skipping）。

6.5　支持机器学习

- 支持多种数据类型，实现许多新型应用的多种数据类型的存储、精处理、分析和访问，包括图像、视频、音频、半结构化数据和文本。
- 高效、直接地读取 NoSQL，使用 R 和 Python 库直接高效地访问大量数据，以运行机器学习实验。
- 支持数据框架（DataFrame）API，内置的声明式数据框架 API 具有查询优化功能，可用于机器学习工作负载中的数据访问。诸如 TensorFlow、PyTorch 和 XGBoost 等机器学习系统已采用数据框架作为操作数据的主要抽象。
- 数据版本控制，提供数据快照，使数据科学和机器学习团队可以访问和还原较早版本的数据，以进行审计、回滚或复制机器学习实验。

6.6　提供开放性

- 开放的文件格式，如 Apache Parquet 和 ORC；
- 开放的 API，提供了一个开放 API，可以直接访问数据，而不需要专有引擎和供应商绑定；
- 语言支持：不仅支持 SQL 访问，还支持各种其他工具和引擎，包括机器学习和 Python 或 R 库。

数据仓库、数据湖与数据湖仓的对比见表 1-1。

表 1-1　数据仓库、数据湖与数据湖仓的对比

	数据仓库	数据湖	数据湖仓
数据格式	封闭的专有格式	开放格式	开放格式
数据类型	结构化数据，有限支持半结构化数据	所有类型：结构化数据、半结构化数据、文本数据、非结构化（原始）数据	所有类型：结构化数据、半结构化数据、文本数据、非结构化（原始）数据
数据访问	仅支持 SQL	开放的 API，可通过 SQL、R、Python 和其他程序语言直接访问文件	开放的 API，可通过 SQL、R、Python 和其他程序语言直接访问文件
可靠性	通过 ACID 事务提供高质量、可靠的数据	低质量、数据沼泽	通过 ACID 事务提供高质量、可靠的数据
治理和安全	为表提供行或列级别的细粒度安全和治理	缺乏治理，因为需要将安全性应用于文件	为表提供行或列级别的细粒度安全和治理
性能	高	低	高
可扩展性	无限扩容将导致成本指数级增长	不论何种类型的数据都可以在低成本的情况下实现量级规模化	不论何种类型的数据都可以在低成本的情况下实现量级规模化
用例支持	仅限于 BI、SQL 应用程序和决策支持	仅限于机器学习	面向 BI、SQL 和机器学习的统一数据架构

　　数据湖仓架构提供了一个和早期的数据仓库市场所提供的机会一样好的机会。它可以在开放的环境中管理数据，整合来自企业所有部门的各种数据，并将数据湖的数据科学焦点与数据仓库的终端用户分析结合起来，数据湖仓的这些独特能力将为组织带来惊人的价值。

第二章

数据科学家和终端用户

　　数据由应用程序产生，然后被抽取到数据仓库中进行分析。随着各种类型的数据增多，数据量和多样化程度都令人咂舌。但很快，这些数据都被安置到数据湖中了。

1. 数据湖

　　数据湖如图 2-1 所示。

图 2-1　数据湖的第一个版本是原始数据的存储库。数据被简单地放入数据湖中，供任何人分析或使用。数据湖中数据的来源非常广泛

2. 分析基础设施

随着时间的推移，我们发现还需要另一个数据湖组件：分析基础设施。分析基础设施是为数据湖中的原始数据构建的，具有许多功能（如图2-2所示），例如：

● 识别数据如何相互关联；

● 识别数据的及时性；

● 检查数据的质量；

● 识别数据的血缘关系。

图2-2 分析基础设施由许多不同的组件组成，我们将在后续章节具体阐述

3. 不同的受众

分析基础设施服务于某一类受众，但数据湖服务于另一类受众。

数据湖服务的受众主要是数据科学家（data scientist），如图2-3所示。

图2-3 数据科学家使用数据湖寻找组织内新的、有趣的数据模式和数据趋势

终端用户是数据湖和分析基础设施服务的另一类群体，如图2-4所示。

图2-4 终端用户持续、高效地促进业务发展并从中获利

4. 分析工具不同

终端用户和数据科学家之间的一个明显区别是用于分析数据的工具不同。数据科学家主要使用统计分析工具（statistical analytical tool）。虽然他们偶尔使用数据探索工具（exploratory tool），但在大部分情况下使用的是统计分析工具。

终端用户以完全不同的方式进行数据分析。他们使用能进行简单计算和可视化的工具，并希望创建图形、图表和其他的数据可视化表达形式。

数据科学家使用工具处理粗略积累的数据。终端用户利用工具操作统一的、定义良好的数据，如图2-5所示。

可视化　　　　　统计

图 2-5　两个不同的群体所使用的数据有着根本的不同

5. 分析目的不同

　　数据科学家和终端用户之间的另外一个区别是，这两个角色寻找的目标不同。数据科学家寻找新的、深层次的数据模式和趋势。在此过程中，一旦发现新的模式和趋势，数据科学家可以提高组织的寿命和盈利能力。

　　终端用户对发现新的数据模式不感兴趣。相反，终端用户感兴趣的是重新计算和重新检查旧的数据模式。例如，终端用户对月度和季度 KPI 感兴趣，这些关键指标涵盖盈利能力、新客户、新销售类型等方面。如图2-6 所示。

KPI、季度利润　　　一个 6 岁孩子的想法、一个有竞争力产品的影响

图 2-6　数据科学家与终端用户感兴趣的数据非常不同

6. 分析方法不同

数据科学家和终端用户采用的分析方法也大相径庭。

数据科学家采用启发式分析模型（heuristic model of analysis）。在启发式分析模型中，分析的下一步取决于从先前步骤获得的结果。当数据科学家第一次开始分析时，数据科学家不知道会发现什么或者是否会发现什么。可能在许多情况下，数据科学家什么也发现不了；而在其他情况下，数据科学家或许可以发现以前从未见过或认识到的有用模式。

终端用户的操作则与数据科学家完全不同。终端用户在规律出现的数据模式之上进行操作，他们依赖于一些相对简单的计算方法，如图 2-7 所示。

计算常规用法　　　　　　　　发现非常规用法

图 2-7　终端用户在不同时间段重复相同的分析，数据科学家以发现的方式工作

7. 数据类型不同

数据科学家处理的数据粒度较低，类型差异很大。他们通常处理机器生成的数据。其探索体验的一部分是漫游全量数据和检查各种不同类型数据的能力。

终端用户对汇总（或轻度汇总）的数据进行操作，这些数据是高度组织化且规律性出现的。他们每月、每周、每天都会重新检查和重新计算这些相同类型的数据，如图 2-8 所示。

汇总高度组织化的数据　　　低粒度、多类型数据

图 2-8　不同群体使用的数据类型甚至也不同

考虑到不同群体的需求存在明显差异，不同群体被数据湖的不同部分所吸引也就不足为奇了。

这种吸引力的差异是否妨碍了这些群体查看他们不熟悉的数据？

答案显然是"不"。终端用户没有理由不能查看和使用在数据湖中找到的原始数据。相应地，数据科学家也没有理由不使用分析基础设施，如图 2-9 所示。

图 2-9　数据科学家被数据湖中发现的原始数据吸引，终端用户被分析基础设施中发现的数据吸引

实际上，数据科学家可能会发现分析基础设施非常有用。尽管数据科

学家学习数据分析技术，但当他们进入现实世界时，会发现自己变成了数据垃圾工，因为他们 95% 的时间都在清理数据，只剩下 5% 的时间用于分析数据。

尽管不同类型的人使用数据湖仓的目的非常不同，但数据湖仓的目的是为所有不同的群体提供服务。

第三章

数据湖仓中的不同类型数据

数据湖仓是不同类型数据的数据集合。每种不同类型的数据都有其自身的物理特征。

数据湖仓主要由如下组件构成（如图 3-1 所示）：

- 数据湖，用于存放大量原始数据；
- 分析基础设施，负责向终端用户提供描述性信息；
- 不同类型的数据集合，包括结构化数据、文本数据及其他非结构化数据。

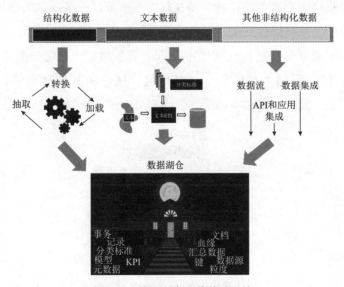

图 3-1 数据湖仓及其基础设施

数据湖仓中的数据都是开放的，后续我们将进一步对数据湖仓中的组件展开更加深入的探讨。

1. 数据的类型

数据湖仓中的数据主要包括三种类型（如图 3-2 所示）：

● 结构化数据，基于事务的数据；

● 文本数据，源自对话和书面文本的数据；

● 其他非结构化数据，包括模拟数据和物联网数据，这些数据通常是由机器产生的。

图 3-2　数据湖仓中三种不同类型的数据

1.1　结构化数据

结构化数据是最早出现在计算机中的数据类型之一。大多数情况下，结构化数据产生自事务的执行。每执行一个事务，一条或多条结构化数据记录就会产生并被保存下来。

这些记录存储在结构化环境中。每个事务都有一个统一的记录结构。这些记录包含不同类型的信息，包括键、属性和其他类型的信息，如图 3-3 所示。此外，索引有助于找到特定结构化记录的位置。

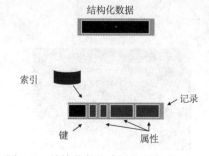

图 3-3　结构化数据存储框架的物理元素

记录是在结构化环境中通过数据库创建的，在数据库中可以单独或整体访问这些记录，如图3-4所示。当然，一旦记录被存储到数据库中，就可以删除或修改记录。

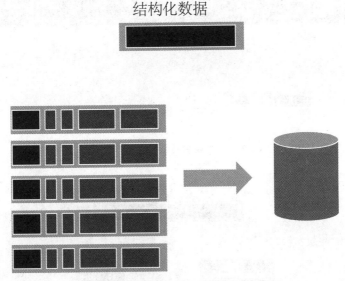

图3-4　在数据库中的结构化数据记录

1.2　文本数据

文本数据是数据湖仓中的第二大类数据。文本数据可以来自任何地方，比如电话沟通、电子邮件、互联网等。通常，将原始文本存储在数据湖仓中没有太大好处。相反，以数据库格式存储文本是常态。通过数据库格式存储文本，可以针对文本使用分析工具。如果业务需要，数据湖仓能够存储原始文本。

至少需要把以下类型的文本数据存储在数据湖仓中（如图3-5、图3-6所示）：

- 数据来源；
- 感兴趣的词语；
- 词所处的情境（上下文）；
- 词在文档中的位置。

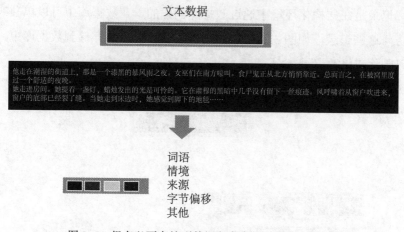

图 3-5　很有必要存储到数据湖仓中的文本数据类型

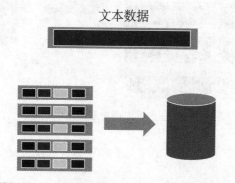

图 3-6　文本转换成数据库结构后的结果数据库

1.3　其他非结构数据

数据湖仓中的第三类数据是其他非结构化数据，通常指由机器生成和收集的模拟数据及物联网数据。这些数据可能会有多种测量数据类型（如图 3-7、图 3-8 所示）：

- 时间；
- 温度；
- 处理速度；
- 用来处理的机器；
- 处理的序列。

其他非结构化数据

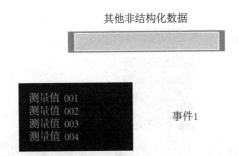

图 3-7　机器采集的测量数据类型完全取决于参与项目的机器及捕获的数据类型

其他非结构化数据

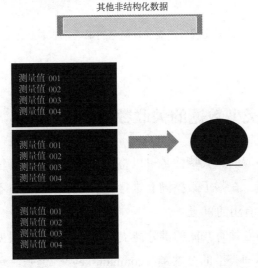

图 3-8　测量数据以每秒、每十秒、每分钟等周期性顺序被捕获，然后被存储到数据库中

2. 不同数据的容量

在比较数据湖仓里不同环境中的数据量时，我们会发现数据量大小存在明显差异。结构化环境中的数据量通常最小。文本环境中的数据量大于结构化环境中的数据量，但低于其他非结构化环境（模拟与物联网环境）中的数据量。显然，其他非结构化环境中的数据量是最大的，如图 3-9 所示。

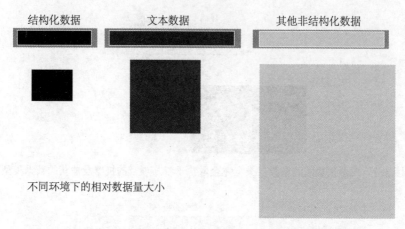

不同环境下的相对数据量大小

图 3-9　数据量对比因公司而异，但总的来说，基本上都是这个模式

3. 跨越不同类型数据的关联数据

数据湖仓环境的一大特性是可以将数据从一个物理环境关联到另一个不同的物理环境。在基于数据湖仓进行分析时，关联来自不同环境的数据通常是一件非常有用的事情。

分析环境中必须有共同的键才能支持跨环境分析。根据分析环境的不同，可以使用不同类型的公共键（common key）。但是，有些数据不存在公共键。在某些情况下，根本就没有公共键，如图 3-10 所示。

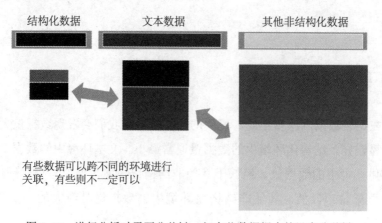

有些数据可以跨不同的环境进行
关联，有些则不一定可以

图 3-10　进行分析时需要公共键，但有些数据根本就没有公共键

4. 基于访问概率对数据进行分片

模拟和物联网环境通常将所有数据存储在大容量介质上。这样做的成本较低，而且在存储数据时也很方便。但是在大容量介质中存储数据的问题在于大容量存储不是分析的最佳选择。因此，另一种策略是将一些模拟和物联网数据放在大容量存储中，其余则放在标准磁盘中存储。放置在大容量存储中的数据被访问的概率低，放置在标准磁盘存储中的数据被访问的概率高，如图 3-11 所示。

这种数据布局实现了一种平衡：既满足了存储大量数据的需要，又满足了对某些数据进行分析处理的需要。

模拟与物联网环境通常分布
在不同的物理存储介质上

图 3-11 跨不同物理介质的数据分片布局

5. 模拟和物联网环境中的关联数据

模拟和物联网环境中的数据可能相关，也可能无关，如图 3-12 所示。

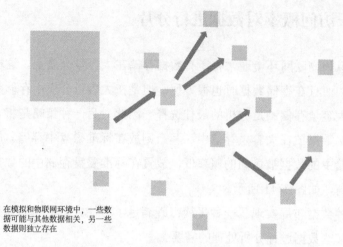

在模拟和物联网环境中，一些数据可能与其他数据相关，另一些数据则独立存在

图 3-12　模拟和物联网环境中某些类型数据可以轻松自然地关联，而其他一些数据则是独立数据，不容易与别的数据关联

　　数据湖仓中有各种各样的数据类型，每种类型的数据在容量、结构、相关性和其他特性方面都有各自的考虑因素。当不同类型的数据之间没有公共键时，可以使用通用连接器（universal connector）。

　　在没有正式的方法连接数据时，一般采用通用连接器进行数据连接。

　　常用的通用连接器有很多，例如：
- 地理或位置；
- 时间；
- 金额；
- 姓名。

　　关于以地理位置作为通用连接器，假设有大量的 X 光片用来研究骨密度，这些 X 光片来自美国不同的州。

　　终端用户选择加利福尼亚州和马里兰州两个州进行分析。所有来自加利福尼亚的 X 光片被收集在一处，所有来自马里兰州的 X 光片被收集在另一处。最后，终端用户对来自两个州的 X 光片进行独立分析。

现在，在结构化环境中，筛选与骨密度降低相关的药物购买数据。首先，选择来自马里兰州和加利福尼亚州的药物购买数据。终端用户决定每个州不同药物的销售差异。然后，对 X 光片进行研究，以确定加利福尼亚州和马里兰州的骨密度差异。现在骨密度分析是针对这两个州进行的，用这两个州的骨密度差异分析来衡量这两个州的药物消耗量。

请注意，没有关键结构将 X 光片与药物购买联系起来。唯一将数据联系在一起的是为分析选择的地理位置和收集的骨密度信息。

同样，还可以使用金额、时间等进行相同类型的分析。此外，还有其他通用连接器，例如对于人类有：

- 性别；
- 年龄；
- 种族；
- 体重；
- 其他身体测量参数。

这些通用连接器可用于跨不同类型的数据关联。

6. 分析基础设施

分析基础设施源自数据湖中的原始数据。在许多方面，分析基础设施就像大型图书馆中的卡片目录。想象一下当你进入一个大型图书馆时，你是如何找到你想要的书的。是挨个架子依次查找吗？如果采取这种方法，你就必须在图书馆消耗很长时间。相反，你可以快速高效地搜索卡片目录。一旦你在卡片目录中找到了你需要的书，你就能确切地知道在图书馆的什么地方可以找到它。分析基础设施的作用与卡片目录相同，如图 3-13 所示。

分析基础设施提供方便快捷的查询，可以帮你在数据湖中快速找到想要分析的数据。

图 3-13　分析基础设施的作用相当于图书馆中的卡片目录

　　一旦找到数据，就可以对其进行分析和访问。有多种方法可以读取和分析数据湖及分析基础设施中的数据（如图 3-14 所示），包括：

- SQL、R 和 Python 语言；
- 商务智能工具，例如 Tableau、Qlik、Excel、PowerBI；
- 实时的应用程序；
- 数据科学和统计分析；
- 机器学习。

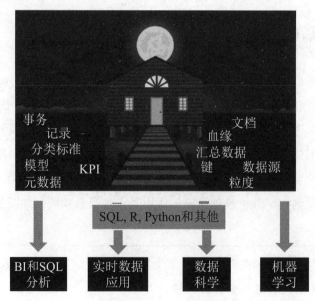

图 3-14　有多种方法可以读取和分析数据湖及分析基础设施中的数据

第四章

开放的湖仓环境

数据湖仓的非结构化部分基于 Apache 的 Parquet 和 ORC 这两个项目的开放 API 和开放文件格式构建，因此具有极强的通用性，可以做到数据一次入湖便可随意被其他开源软件共享和调用。

> 开源不仅包括代码的开放，还包括社区的开放和创造力的开放。

开源项目通常存在于开放的公共论坛或社区。项目往往会自带资料库，供所有参与者查看和自由交流。每当一个价值高的问题被某个开源项目解决，整个社区就会围绕该开源项目快速集结起来。大型开源项目的贡献者通常来自全球各地的研究机构和公司。这种包罗万象的多样性给社区带来了无穷的力量。

开源项目聚集了来自全球人才库中的热心志愿者，他们积极主动，不断地完善开源项目，然后从不同领域专家的知识成果中共同获益。这些开源项目的创新速度是单个供应商根本无法企及的。随着开源项目的使用人数不断增长，可利用的技术资源也会同步增加，如此一来，开源项目也更容易招揽人才。

1. 开放系统的演进

开放大数据系统的诞生主要源自于互联网公司不断暴增的数据。刚开始，这些数据仅仅记录网页点击的日志，但随着智能手机的变革浪潮扑面而来，照片、音频、视频和地理空间数据的出现使对分布式系统处理数据的需求日益增加。正因为数据的来源越来越广，类型越来越多样化，所以更亟待一种能容纳不同类型的数据架构出现，数据湖由此诞生。随着数据集的规模继续不断扩大，把数据从一个系统复制到另外一个系统后再进行分析已经不可行了。于是人们创建了开源引擎，用它可以同时并行汇聚、处理和写入数据到数据湖，以实现最大吞吐量，如图 4-1 所示。

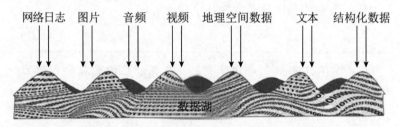

图 4-1　将种数据汇聚到开源和开放的平台

这些汇聚在巨型数据湖中的数据为数字新贵们构建了强大的竞争优势。例如亚马逊根据用户购买商品的历史数据研发了商品推荐引擎，并因此而举世闻名。在这个商品推荐系统中，每当用户把一件商品添加到购物车里，系统就会自动显示其他购买此商品的用户还买了哪些额外的商品。为了满足用户越来越挑剔的个性化偏好，现在的技术可以做到将用户所选的商品图片实时地与商品目录里类似风格属性的商品进行匹配。这些高级分析案例大多都是使用开放的编程语言（例如 Python 或者 R）中的开源库进行大规模执行的，而这些开源库都是相应领域中的研究者和一线专家所贡献和开发的。

此外，还有很多开源库能够用于培训数据科学家和数据工程师。现在，数据科学领域的大多数毕业生都在学习这种开源软件，因此拥有和使用这些开放语言和开源库的企业对于下一代数据从业者来讲具有极强的吸引力。

2. 与时俱进的创新

开源软件是当今数据世界创新发展的驱动力之一。数据从业者可以使用开源软件工具构建从存储到终端用户应用之间所有环节所涉及的整个数据技术栈。围绕开源软件提供托管解决方案的供应商更是降低了托管软件的风险和成本，同时保留了可移植性的优势。考虑到技术演进的因素，建议在为数据湖仓架构选型时充分考虑其开放性。

3. 建立在开放、标准文件格式之上的非结构化湖仓

数据湖仓构建在绝大多数工具都支持的开放文件格式之上，以此来解决厂商锁定的挑战。Apache Parquet 已经成为数据湖仓架构中存储非结构化数据的标准文件格式。它使用的是一种典型的开放的二进制文件格式，以列的方式进行组织存储，可以高效地存储和检索数据。当需要访问数据集（主要是机器学习所需）时，传统的方式是先把数据从数据仓库导出到分布式存储中，然后再并行处理这些数据，用以进行模型训练和结构分析。但是，在大规模数据处理场景中，这种不断导出数据的方式显然是不现实的，因为导出 TB 或者 PB 级别的数据通常得花好几个小时甚至几天的时间，既费力又费时。事实上，这些数据从一开始就会被直接存储到 Apache Parquet 中，因为数据可以以开放文件格式被写入数据湖仓，之后就能被多次读取，而无须复制和导出，如图 4-2 所示。

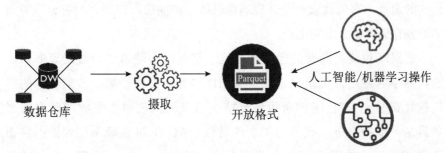

图 4-2　来自数据仓库的认知和人工智能与机器学习操作

Apache Parquet 的使用如此广泛，以至于可以轻松地实现数据跨系统的共享。几乎每个分布式查询引擎和 ETL 工具都支持它。如果有公司要开发出更好的查询引擎，可以使用它，从而无须导出和转换数据。

4. 开源数据湖仓软件

数据湖仓架构中的非结构化部分的一个重要原则就是开放性。这要求数据湖仓的非结构化部分必须采用开放文件格式、开放标准、开放API，并基于开源软件来构建。开源社区通过创建开放元数据层来实现数据管理功能，比如 ACID 事务、零拷贝克隆，以及针对图表的历史版本查询（time travel）等，在一定程度上解决了非结构化湖仓的"数据沼泽"问题。

ACID 是原子性（atomic）、隔离性（isolated）、一致性（consistent）和持久性（durable）四个单词的首字母缩写。具有 ACID 属性的系统可以最大程度地防止数据损坏。零拷贝克隆技术使图表能够避免在存储器间进行不必要的中间拷贝，提升数据传输效率。历史版本查询功能可以回退到任意特定时间点对图表进行查询，根据图表在过去的时间点（类似历史快照）生成查询结果。

这些开放元数据层将数据湖的非结构化部分从文件级管理转换为逻辑表级管理。类似的例子包括 Delta Lake（由 Databricks 创立）、Hudi（由优步创立）和 Iceberg（由奈飞创立）。这些元数据层是开放 API 与开放文件格式的组合，它们代表一个开放的逻辑数据访问层，在所有公有云服务商的对象存储服务之上实现。

数据湖和数据湖仓的区别就在这个基础湖仓逻辑层。数据湖非常适合机器学习应用，但是由于缺少 ACID 事务而受到影响。数据湖仓的非结构化部分在 ETL 同步期间还支持快速查询。它相当于数据库中的事务日志，却拥有分布式和可扩展的特性。ACID 事务确保在数据不会损坏和查询失败的前提下，在数据湖仓中能执行插入、更新、合并或者删除等操作。这使得流式 ETL 能保持数据湖仓的非结构化部分的实时性，并且提供实时报告。

训练机器学习模型需要访问大量数据，如果数据在数据仓库中，第一步通常是把数据转成开放文件格式，导出数据到分布式存储，便于对模型进行训练。精确的数据集对模型训练非常重要，也便于将来需要重新训练模型的时候重新利用。因此，需要保存导出的数据才能继续训练模型，或者在每次重新训练模型的时候导出数据。相反，数据湖仓的非结构化部分就不需要大费周章地导出数据集。数据只需要入湖一次，就能通过多引擎连接到数据湖仓并执行各种操作。当需要训练一个机器学习模型的时候，它可以直接查询数据湖仓的非结构化部分，而不需要再复制一遍数据。数据湖仓保存着所有变化的历史数据，因此能查询任意时间点的结果。

这使得机器学习模型可以在不复制任何数据的情况下，使用准确的数据重新进行训练。由于数据湖仓的非结构化部分的逻辑层是开放的，因此很快获得了各种 SQL、ETL、流式处理和机器学习的开源引擎的支持。任何执行开放数据湖逻辑层的引擎都可以访问所有主流公共云存储系统上的一致性数据视图，具有快速查询的性能。另外，如果一个新引擎有一些特性是特定用例需要的，它们不需要付出高昂的迁移成本就能应用这些特性。

5. 数据湖仓提供超越 SQL 的开放 API

SQL 一直都是数据分析的通用语言，这几乎是人与数据库交互的唯一方式，但是每个套装软件供应商都只提供独有的用于执行数据转换的 API。例如，为 Teradata 编写的存储过程无法轻松地移植到 Oracle 上，反之亦然。因此，在不同供应商的数据库系统之间进行切换不仅非常耗时，而且成本很高。近几年来，出现了一种新的用诸如 Python 和 R 这种语言处理数据的数据框架 API。这是数据科学家常用的接口。数据框架是编程语言中的一种数据类型，可以非常简单地连接起来操作数据集。这让机器学习中的深度学习库可以对视频、图像和音频数据进行更高阶的分析。这些 API 是开放的，可以和用于表单数据的 SQL 一起在数据湖仓中大规模地使用。开放 API 为 ETL、机器学习和可视化提供了一个快速增长的工具生态系统。

数据湖仓平台的非结构化部分提供了开放 API，可以让开发者使用 SQL、Python 和其他语言访问所有类型的数据。这些 API 是由一个开放社区开发和维护的。因此当它们解决了一个关键问题，就能以最快速度被传播和应用。当一个应用程序实现了开放 API，就能跨不同环境使用，并可以在未来需要迁移的时候提供相应的支持。数据湖仓的非结构化部分支持用 SQL、API 来访问图表，也支持数据科学工具，例如数据框架 API 使用 Python 或 R 语言来访问文件。

6. 数据湖仓支持开放数据共享

就像人们需要共享电子邮件一样，人们也会有共享数据的需求。共享数据包括海量细粒度数据、实时数据和非结构化数据，比如图像和视频。此外，企业也有为客户、供应商和合作伙伴开放共享数据的需求。长期以来，公司一直使用 CVS 文件或者复杂的定长记录格式文件来共享数据，并通过 FTP 进行传输。FTP 是早期点对点上传或下载文件的方式。数据使用方拿到数据后，用 ETL 把文件格式转换成他们自己需要的格式。有些文件甚至有好几百页长。这不仅严重浪费了工程师的时间，也浪费了存储空间。相反，在公共云的同一个位置，完全相同的数据可以被多次使用和复制。很多云数据仓库都提供数据共享功能，但这些解决方案都是专属的，目的是迫使客户使用单一供应商提供的服务。而数据提供方和消费者不可避免地会在不同的平台上，因此又会带来新的数据互联互通问题。这可能导致数据提供方必须复制他们的数据集，在部分情况下还要承担消费者访问数据的成本。消费者为了使用这类技术，还得在 IT 部门、安全部门和采购部门走完漫长的审批流程，这可能导致好几个月的延迟。

为了突破这些障碍，我们需要采取更加开放的数据共享方式。类似于 Apache Parquet 的开放数据格式已经被开放 API 和几乎所有的数据工具所采用。通过开放格式共享数据，现有的工具就可以轻松地使用数据。数据提供方和数据使用方不需要使用相同的平台，也能实现跨平台数据共享。我们甚至可以用 BI 工具、R 和 Python 库的开放数据框架 API 访问这些开放文件格式的共享数据。分布式查询引擎不需要在消费者端安装额外的操作平台，就能处理大量数据。当然，数据也不需要被复制。这就实现了数据一次入湖，多次共享。因此，公共云是存储此类数据的完美场所。对象存储的可扩展性和全局可用性使消费者能够忽略数据集的大小，在任何公共云或混合云上直接访问数据。云已经具备了提供严格隐私保护和满足数据合规性要求的功能。因此可以在不牺牲安全性或审计访问能力的情况下，在云端实现数据的开放共享。

7. 数据湖仓支持开放数据探索

数据可视化正在引发一场公开的革命。有史以来，数据都是在各种套装 BI 软件工具中通过各种表格和图形进行展示的。随着开放可视化库的出现，数据现在可以在各种语言中实现可视化，例如 R、Python、JavaScript 等。交互式 notebook 应用的出现带来了一种新的数据探索方式。它允许用户创建一系列单元（cell），可以实时地编写代码和执行程序。输出的结果可以在图表或者任何开放可视化库中进行可视化展示。这个新的用户交互界面已经随着开源项目 Jupyter 的火热而普及开来。Jupyter notebook 平台的存储格式已经成为其他 notebook 平台供应商在导入和导出数据时必须遵循的标准格式。notebook 平台交互界面随着数据科学领域的升温变得越来越流行。数据科学家不仅被请来汇报历史数据，还使用这些数据来训练统计模型，然后预测未来。而且，目前最流行的机器学习库都是开源的。每当学术界的科研人员创建一种新的机器学习算法时，都会选择在这些开放平台上发布。举个例子：在 2020 年的 NeurIPS 会议（顶级人工智能研究会议之一）上一共发表了 2000 篇人工智能论文，很多人都发表了新算法代码，没有任何一个是在数据仓库上运行的，而所有这些代码都可以在开放的机器学习库上运行。

8. 数据湖仓通过开放数据目录简化数据发现

数据目录和数据发现是开放数据生态系统中两个发展较快的领域。众所周知，元数据一直是数据平台的一个重要组成部分，但是在企业服务中一直不受重视，甚至不能上升到使用工具管理的程度。企业内部的不同团队经常制定名字相同但含义不一样的指标。这些团队根本不知道这些指标实际已经存在，更不用说如何获取它们，或者轻易掌握它们的统计口径。最终的结果是"数出多门"和"各自为战"。

领英（LinkedIn）、奈飞（Netflix）和来福车（Lyft）等现代互联网公司已经在各自的场景中发现了这一问题，因而各自创建了自己的数据目录，并将其开源。数据目录能集中企业所有数据资产的元数据，它们可以捕获这些数据资产的上游来源和数据转换内容，以及下游使用数据的情况。数据目录还嵌入了强大的搜索和可视化功能。这就能让任何用户可以搜索企业内的指标或者数据集，并识别请求访问这些数据的用户。通过访问 ETL 作业运行时上下游的血缘关系和元数据，数据目录可以主动提醒数据负责人目标表可能无法在预期的时间内加载完。这个检测是在 ETL 流程的早期通过监控上游作业的执行情况来实现的。

开放数据目录爆发式增长的另外一个原因是它们诞生于主要使用开源技术进行 ETL、存储和数据探索的公司。由于各行业围绕各自领域的几个非常流行的开源项目都进行了整合，因此考虑"我该将哪些元数据集成到系统中"这个问题变得非常紧迫且重要。这类解决方案以前都是由套装软件供应商开发的，但是每个供应商的解决方案都只与自己的工具进行完美适配，而与竞争对手的产品则不太兼容。每个供应商都希望用户使用他们的全套技术栈。这会影响用户收集完整的血缘数据并用一种引用的格式将之展示出来，导致用户无法决策。

新一代开放数据目录正在以一种完全不同的方式崛起，迅速获得广泛关注。它将帮助企业集成所有元数据，在合适的时候让合适的人来探索、发现。

---

9. 利用云原生架构的数据湖仓

从本地数据仓库迁移到云端的另一个商业数据仓库，并不能拥有开放式数据湖仓带来的可移植性和创新速度。公有云通过提供开源项目的托管服务，以及将计算、存储分离，重塑了整个数据分析体系。开源软件早期还有一个隐患，就是缺乏企业的支持。如果要下载并运行一个开源项目，那么这个实例的可维护性、可靠性、安全性和可伸缩性都将由用户自己负责。云托管服务通过开源软件的托管服务解决了这一历史问题，并提供了安全、可靠、合规和 SLA（服务等级协议）等方面的保障。公有云通过计算和存储分别定价的方式，彻底解决了数据管理层面的商业计价问题。在公有云出现之前，数据仓库需要提前几个月规划所需的存储容量，并支付相应的费用。规划的存储容量必须满足所有的数据、索引和备份的存储需求，并且要保证服务器有足够的 CPU 和内存来应对 BI 和 ETL 的峰值压力。这些东西都是紧密耦合的，而且价格非常昂贵。峰值只是偶尔出现，这意味着在一天的大部分时间里数据库的利用率都很低。而历史数据则需要经常归档，以满足日常的备份需求。

但是，在公有云中，计算成本由虚拟机（virtual machine）的大小及活动时间（秒级）决定，存储成本则由需要持久性存储的数据量决定。存储数据最便宜的的方式是对象存储，每月存储 1GB 只需要几便士。现在，一家公司的所有数据，比如超过 30 年的数据，都能以极低的成本存储在对象存储中。如果需要生成过去 5 年的数据报告，就可以启动足够多的虚拟机进行计算，在生成报告后就可以关掉这些虚拟机。ETL 亦是如此，费用仅在虚拟机处于活动状态的时间内产生。由于这些计算机群彼此隔离，因此可以在数据湖仓的 ETL 任务运行的同时进行 BI 查询，而无须争夺计算资源。

公有云和开源软件的结合简直是企业等组织的福音。云管理服务提供托管、安全和可扩展性，开源项目则提供了关键功能和 API。这些特性可以让企业在无须运维开源软件的前提下，安全、可认证地在不同供应商之间轻松迁移。

这是建设一个数据湖仓架构的非结构化部分的完美环境！

10. 向开放的数据湖仓演进

数据管理已经从分析结构化数据来进行历史分析发展到使用大量非结构化数据去预测未来，甚至有可能利用机器学习和更广泛的数据集来发现新的价值。

对于结构化数据，开放式数据湖仓提供了一个和数据仓库保持一致的结构和性能的可扩展性与灵活性的数据湖。而数据湖仓的非结构化部分则构建在被诸多工具共同采用的类似于 Apache Parquet 的开放文件格式上。数据湖仓可以让数据一次入湖，然后在多个引擎中使用它。如果一个引擎损坏了，公司可以以低成本很轻松地替换它，再也不用为数据迁移付出高昂的成本。另外，数据湖仓的非结构化部分的开放生态系统也确保了使用者能够不断地享受到最新的技术创新。

每当数据管理遇到普适性问题的时候，业界通常会从不同角度开发出许多解决方案，不管是套装软件还是开源项目都一样。当然，在某个技术领域，市场最终会聚拢到一两个核心的软件供应商。一旦企业需要解决某个问题时，开源项目在开发速度和市场占有率方面具有明显优势。而套装软件供应商则依靠市场部门拿下项目。但是，每个开源项目的特性、缺陷、更新、贡献者和发布都完全公开透明。通过挨个比较一个又一个的开源项目，我们很容易衡量哪个项目获得了最多的支持。除此之外，所有核心云服务商都拥有最流行的开源项目和第三方托管服务，这为用户提供了许多经济实惠的选择，并且激励云服务商不断共同创新。数据湖仓的非结构化部分天生就是开放的。它是开源软件、开放 API、开放文件格式和开放工具的结晶。社区的创新速度非常快，各种诸如数据共享的新项目快速公开创建，企业将在开放的环境中不断受益。

第五章

机器学习和数据湖仓

　　前面的章节探讨了数据仓库对于数据科学家的作用，他们着实与典型终端用户有着不一样的需求。数据科学家反复试验，寻找趋势并进行统计分析，而终端用户通常运行定义明确的报表，并使用商业智能工具对结果进行可视化展现。分析基础设施则需同时支持这两类用户的使用。

　　数据科学家需要不同的工具，过去 R 语言等统计环境可以提供一些支持。R 语言可嵌入数据仓库，从而构建一个独立的、适合数据科学的环境进行数据检索。

1. 机器学习

　　对数据湖仓的非结构化部分提出的第三个分析需求是机器学习。机器学习最显著的例子是深度学习（deep learning），它在图像和文本分类、机器翻译和自动驾驶汽车方面取得了惊人的成果。深度学习的成就也是有代价的：它需要使用专门的硬件进行体量惊人的计算。高质量的机器学习模型源于学习过程，可用来做预测，但需要基于大量的数据进行训练。

　　好消息是，支持这些技术的工具是开源的、可免费使用的，并且不断地基于前沿理念进行更新迭代。坏消息是，这些工具与经典数据仓库和商业智能环境中的传统工具相差甚远，它们甚至不太像是数据科学工具。

　　本章将探讨为什么机器学习如此特别，以及为什么数据湖仓架构的非结构化部分从一开始就能适合它的需求。

2. 机器学习需要湖仓提供什么？

虽然机器学习工程师或研究人员的工作与数据科学家存在重叠部分，但机器学习本身有着显著的特点：

● 操作对象主要是非结构化数据，如文本和图像；
● 需要基于大量数据集进行学习，而不仅仅是分析样本；
● 使用开源工具而不是 SQL 命令去操作"DataFrames"数据；
● 输出的是模型，而不是数据或报表。

3. 从数据中挖掘出新价值

满足这些用户和用例至关重要，因为机器学习正在源源不断地产生前所未有的、从数据中提取价值的新方法。以 SQL 为中心、以表为中心、面向 ETL 的架构等都无法轻松处理图像或视频文件，即使通过预转换或 ETL 将数据存进表中，对于这些格式，效果也不太好。此外，将庞大的数据集拖到单独的机器学习环境成本高昂，速度缓慢，而且存在安全隐患。

4. 解决这个难题

数据湖仓范式的非结构化部分解决了这一难题，通过提供工具和数据访问来满足机器学习的需求。它具备以下能力：

● 支持直接访问各种格式文件的数据，除了 ETL 之外还支持 ELT（提取、加载和转换）；
● 原生支持 Python 和 R 等多种语言的机器学习库；
● 不仅可扩展支持 SQL 查询，还能在不导出数据的情况下执行机器学习任务。

下面几节会继续展开。为便于讨论，这里给出一个带有分析环境的简化版数据仓库架构，如图 5-1 所示。

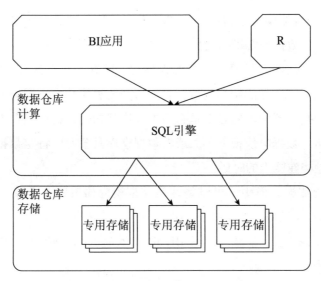

图 5-1　带有分析环境的简化版数据仓库架构

以此与简化版数据湖仓架构的非结构化组件进行比较，如图 5-2 所示。

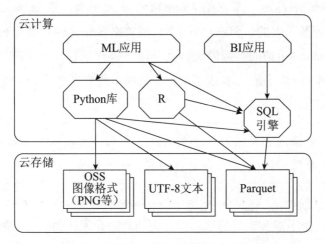

图 5-2　数据湖仓架构非结构化组件架构

5. 非结构化数据问题

作为预测建模的一个现代名称，机器学习其实并不新鲜。然而，在过去 10 年中，机器学习取得显著成果的模型皆从所谓的非结构化数据中习得。非结构化数据通常指的是文本、图像、音频或视频等。

非结构化这个术语具有一定的误导性。所有的数据都有一定的结构，只不过像文本和图像的结构与数据仓库管理的表格数据不同罢了。现在可以发现，一些机器学习问题是适合数据仓库架构的，比如当输入的数据是简单的表格，数据集规模并不大或者数据仓库具备面向特定数据库的定制化常规模型构建能力的时候。

在传统数据仓库中，可以将这些类型视为简单的文本或二进制类型（TEXT、VARCHAR、BLOB)。然而，这种方式也有缺点：

● 可能不支持存储大量的 BLOB 类型的数据，即使支持，效率也很低；

● 即便支持，将数据复制到数据库中也比较慢，而且会带来冗余；

● 常见的开源工具通常是为了访问文件而不是数据库表而开发的。

当然，将数据视为文件的想法由来已久。任何云服务提供商，如亚马逊的 Web Services、微软的 Azure 或谷歌云平台，都是建立在扩展存储为文件的基础上的。但在以前，"只将数据看作文件"是一种创新——Apache Hadoop 所谓的数据湖架构就是用只将数据看作文件的理念，牺牲了数据仓库的一些优势，实现了简单、低成本的集群规模。

数据湖仓架构的一个关键特点是允许直接以文件的形式访问数据，同时保留数据仓库的有价值的属性，可谓两者兼得。

这是一个不难实现的想法，但传统的数据仓库认为没有必要。通过隐藏存储，它们确实可以实现很好的优化。然而，当架构构建在云存储中的开放文件格式时，也可以实现这些优化——这不是相互排斥的，只是遗留的设计决策。

在数据湖仓的非结构化部分，非结构化数据可以以其标准文件格式的形式自然地存在，如 UTF-8 文本、JPEG、MP4 视频等。那么应用新型机器学习工具会更容易，因为这些工具适合这种形式的非结构化数据。

6. 开源的重要性

开源工具非常优秀，其背后有庞大的、超越了任何单一组织或供应商的社区。整个开源生态拥有无与伦比的广度和深度。如果数据仓库想要实现在内部直接使用一些功能，必须从头部署这些功能，那么期望任何一个数据仓库单独提供可与开源工具比肩的功能几乎是不可能的。

即使像 R 语言这样受人尊敬、成熟的独立环境，本身也是开源的，并因拥有充满活力的社区而广为人知，也没能产生类似的功能。这些现代 Python 工具是机器学习的通用语。

机器学习用户希望应用他们既有的技能和已知的工具。数据湖仓架构的非结构化部分支持对数据执行任意库操作，并将数据作为文件向所有库公开。因此，这需要数据湖仓内部提供最好的库管理和部署支持。

在这些方面，数据湖仓的非结构化部分应为机器学习用户提供他们习惯的、像在笔记本电脑上操作数据和工具环境一样的良好体验，还有类似于数据仓库的 SQL 功能、安全保障，以及可扩展计算能力。

7. 发挥云的弹性优势

云对数据存储和计算的吸引力在于它近乎无限的规模和成本效益。当总有更多的计算或存储可用时，可扩展性就不受限制，供应不足和资源争夺的问题不复存在，也不用担忧过度供应资源而产生浪费。因为在云端，成本只由使用情况决定，所以在闲置资源上的浪费更少。这些不是什么新想法，新出现的数据仓库工具比之前统计规模的架构更能从弹性云中受益。

如果不易于使用，规模再大也无益。数据湖仓架构的非结构化部分支持更通用的数据访问（文件）和计算工具（例如 Python)。虽然数据湖仓可以很好地支持典型的大规模 SQL 类工作，但它还需要具有一般的可扩展计算能力。

机器学习的工作量也需要扩大，因为模型效果会随着输入的增多而提升。一些开源工具，包括 Apache Spark，提供了公共模型类型的扩展实现。

然而，深度学习有更专门的需求。由于模型及其输入的规模和复杂性，往往要使用专门的硬件来加速训练。不幸的是，数据仓库架构通常不提供专门的加速器，它们依赖昂贵的硬件，并且要支持不适应典型数据仓库设计的机器学习用例。但在云计算中，加速器可按小时提供。

在数据湖仓架构中，计算是瞬时而灵活的。机器学习任务可按需从云中获取加速器，而不是永久地为所有工作提供加速器。开源工具已经能够利用好这些设备。数据湖仓架构可让开源工具轻松应用到数据中，这也使得深度学习前沿想法的落地变得出乎意料地容易。要知道，在以前，这基本不可能在谷歌、脸书和亚马逊等大型科技公司之外去实现。

8. 为数据平台设计"MLOps"

机器学习的兴起创造了一个新的运维类目需要数据架构去支持，即所谓的"MLOps"。新的需求也出现了，包括数据的版本控制、血缘关系和模型管理。

当然，模型是由数据训练而来的。有时候出于监管原因，追踪模型如何创建、具体来自哪些数据很重要。当输入训练模型记录时，可能要复制数据集，但这在规模上就不可行了。数据集可能体量很大，复制起来成本很高，特别是对于创建的每个模型的每个版本。数据湖仓架构的非结构化组件在数据存储方面进行了创新，可以在不复制的情况下实现对数据集先前状态的有效追踪。

因为模型与它们训练的数据密切相关，所以在数据原生的相同位置（而不是在单独的环境中）创建模型也很重要。这有助于优化性能和改进操作问题，如追踪哪些任务正在创建模型及其全景血缘关系。

最后，模型只有在应用于数据时才有用。机器学习工作的输出需要成为数据架构中的"一流公民"（first-class citizens），与其他数据转换方法（如 SQL）处于同等地位。

湖仓架构同样能够在数据原生的地方去管理和应用模型。

9. 案例：运用机器学习对胸透 X 光片进行分类

举一个利用数据湖仓架构的非结构化组件轻松支撑机器学习的例子，美国国立卫生研究院（National Institute of Health）曾公布了一份包含 45000 张胸透 X 光片的数据集，以及一名临床医生的对应诊断结果。现在，我们完全有可能从这样的数据集中学习如何有效诊断 X 光片，或者至少学习去解释图像能为诊断提供的提示。

这种可能性很有趣。这并不是说学习模型将取代医生和放射科医师——尽管在其他任务中，深度学习的准确性已经超越人类，相反，学习模型可能会增加他们的工作量。学习模型可能帮助捕捉 X 光片中容易被人忽略的细微特征，还可以向人类解释它"看到"什么——所有这些都是用现成的软件实现的。

本节将概述如何基于数据湖仓范式的非结构化组件去实现该解决方案。

该数据集由约 50 GB 大小的、包含 45000 个文件的图像数据，以及 CSV 格式的、对应每个文件的临床诊断数据组成，可以简单地、低成本地存储于任何云中。图像文件可被直接读取到数据湖仓架构的非结构化组件中，就像基于开源工具对表进行操作一样。然后，数据集可以进一步转换图像文件，为深度学习工具做准备，如图 5-3 所示。同样，CSV 文件可以作为表被直接读取并与图像关联。

深度学习不是一项简单的任务，但至少它的软件易于理解，并且是开源的。常见的深度学习框架包括 PyTorch（来自脸书）和 Tensorflow（来自谷歌）。这些库及其具体的使用方法不在本书中介绍，但它们都是为了从文件中读取图像数据而设计的，通常是用标准的开源工具直接读取。

```
raw_image_df = spark.read.format("image").load("/mnt/databricks-datasets-private/ML/nih_xray/images/")
display(raw_image_df)
```

▸ (4) Spark Jobs

▸ 🖿 raw_image_df: pyspark.sql.dataframe.DataFrame = [image: struct]

image
1
2

图 5-3　图像文件可被直接读取入数据湖仓架构的非结构化组件

软件需要硬件来运行，而且是大量的硬件。在云计算中，可以按分钟租用一台或上百台机器。它们包括加速器，如图 5-4 所示，所有主流云都提供一系列 GPU（图形处理单元），也就是用于大规模数据运算的巨量并行设备。开源工具可在本地使用这些加速器。下一步是在云中为一台或多台机器配备加速器，并基于云中数据就地运行机器学习软件。最后生成一个模型，这个模型封装了基于这些图像的学习成果。

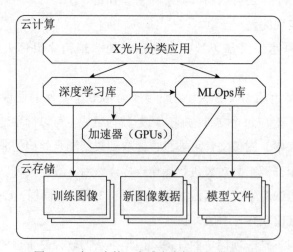

图 5-4　为云中的一台或多台机器提供加速器

给出一个胸透 X 光图像，该模型可以对医生的诊断做出合理的预测。使用其他开放源码工具，可为其输出提供人类可读的解释，如图 5-5 所示。

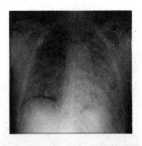

图 5-5　该模型对"浸润"的诊断具有很高的可信度。右边的热力图显示了图像中对这个结论很重要的区域。其中左图的深色区域更重要，右图的灰色区域支持这一结论，而浅灰色区域则与之相反。图中，明显存在于肩部和肺部的伪影被强调为"浸润"诊断的重要因素

最后，在数据湖仓中可使用开源工具去追踪模型，如图 5-6 所示，包括其血缘关系、可再现性，以及后续部署到生产中的过程。这里举一个工具的例子，MLflow 会自动追踪学习过程（如一个网络架构），去协助 MLOps 工程师在数据湖仓内正确建立一个服务或批处理作业，以将模型应用到新来的也许是流式实时分布式存储的图像文件。

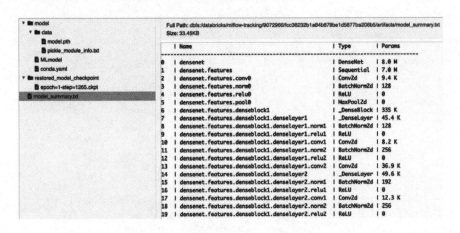

图 5-6　该模型可用开源工具进行追踪

10. 数据湖仓的非结构化组件的演进

数据湖仓的非结构化组件由数据仓库和数据湖的早期版本演进而来，

取两者精华而成。特别是，数据湖仓非结构化部分通过以下方式为机器学习用例赋能：

- 利用 Apache Parquet 等标准开放格式存储数据；
- 允许将本地数据格式作为文件直接访问；
- 支持应用丰富的开源库；
- 支持大规模建模的就地扩展计算；
- 通过开源工具使模型管理成为一个首要概念。

第六章

数据湖仓中的分析基础设施

曾经，数据是直接从相关应用程序中获取的，因为当时这种方法基本上可以满足终端用户对数据的所有需求。直到后来，终端用户发现要从多个应用程序中一次性获取所需的数据，这就要求有一个分析基础设施来合并这些应用程序的数据并进行分析处理，从而满足新的要求。

现在的数据是从更加广泛、更不相同的其他数据源中收集的。多样化的数据集被放置在数据湖中，如图 6-1 所示。从应用程序、文本和其他非结构化数据（如模拟数据和物联网数据）中检索数据。当前存在多种技术可以将数据收集到数据湖中，这些技术包括收集结构化数据和非结构化数据的 Databricks、标准 ETL 和 Forest Rim 文本 ETL 技术。它们都能够收集数据并将其转换为计算机可以分析的形式。

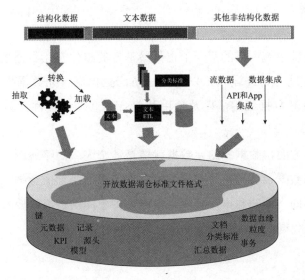

图 6-1　收集不同类型的数据并将这些数据存储到数据湖中

收集和吸纳不同体量的数据本身就是一项艰巨而重要的任务。但是人们在收集数据后发现，仅仅将数据收集到数据湖中并不足以促进数据的分析。为了让这项工作起到真正的作用，数据湖的分析服务需要被充分利用起来。如果数据湖中的数据不能被分析和使用，那么这些数据能发挥的作用就相当有限了。

如果数据湖没有分析基础设施，终端用户将难以导航和解释找到的数据。如果终端用户在使用该基础设施时遇到困难，则可能会将它束之高阁或弃之不用。为了适应数据湖中数据的分析使用，有必要为数据湖建造分析基础设施。

一旦将数据湖与分析基础设施结合起来，整个基础设施就可以称为数据湖仓。

那么数据湖的分析基础设施究竟包含什么？需要哪些组件？为什么需要它们？

1. 元数据

分析基础设施所需的第一个也是最基本的组件是元数据基础设施。元数据基础设施允许终端用户以其方法访问数据湖。元数据描述了数据湖中的数据及其数据结构，以及使用和包含了其他描述性元数据的命名约定等。

在许多方面，数据湖的元数据就像是一个庞大的路线图，描述了数据湖中的全部数据及其位置。数据湖中有许多不同类型的数据，如图 6-2 所示。针对不同类型的数据，可能会出现许多不同的情况。随着数据湖的扩大，通过元数据快速且准确地定位数据能够节省很多时间。

图 6-2　在数据湖里我们能找到什么？它叫什么？

元数据的基本价值是毋庸置疑的。假设你想从纽约开车到得克萨斯州，最好的办法是获取一张地图并确定你需要走的道路。在开始之前知道你要去哪里，你就已经大大提高了成功的概率。元数据对终端用户起着同样的作用。如果你想进行数据分析，那么在开始分析之前，元数据有助于你了解你要分析的数据。

2. 数据模型

数据模型是元数据最重要的元素之一。数据模型描述了在数据湖中找到的数据的一般形态以及它们之间的关系。例如，数据模型描述了数据的基数（cardinality）、参照完整性（referential integrity）、索引、属性、外键、层次关系等。此外，数据模型描述了在数据湖中找到的所有数据，而不仅仅是数据湖中选定的数据。

如果说元数据是一张世界地图，那么数据模型就是一张得克萨斯州的地图。世界地图向你展示如何从英国到土耳其，而数据模型则向你展示如何从埃尔帕索到达休斯敦（得克萨斯州的一个城市）。

在数据湖中有许多来源不同的多种类型的数据。要想分析在数据湖中找到的数据，最好先了解那里有哪些数据以及它们之间的关系。系统内部存在数据关系，跨多个系统的数据也存在数据关系。为了总揽全局，拥有能够描述数据湖中数据的数据模型是非常有用的，如图 6-3 所示。

图 6-3　数据模型反映了数据湖中的数据及其关系

3. 数据质量

数据以各种状态进入数据湖。一些数据是干净且经过审查的，其他数据则可能仅仅取自来源，未考虑数据的可靠性或真实性。例如，如果数据来自电子表格，则数据可能根本不真实。因此，在开始数据分析活动之前，需要对数据湖中数据的质量和可靠性进行评估。

数据质量的要素包括：

● 可靠性；

● 完整性；

● 时效性；

● 一致性；

● 真实性。

> 分析和合并质量明显不同的数据是极其危险的。一般准则是合并后数据的准确性与已合并的最差数据处于同一个水平。

可以看出，了解数据湖中数据的质量和状态是很必要的。不知道分析数据的质量会损害整个分析结果。

4. ETL

ETL 也是分析基础设施的另一个重要元素。ETL 用于转换应用程序的数据，以便于进行数据分析。例如，假设你有来自美国、澳大利亚和加拿大的资金数据，这三种货币的单位都是"$"，但是你不能只是单纯地把具有相同单位的货币加在一起就认为可以得到一个有意义的答案。相反，要获得真正有意义的答案，你必须将三种货币中的两种按汇率转换才行。只有这样，你才能以有意义的方式将这些数值进行相加。

即便如此，数据的真实性仅与重新计算数据的那一刻相关，因为汇率每天甚至每小时都会波动。

数据湖内部需要进行许多这样的数据转换。货币兑换只是数以千计的必要数据转换之一。

> 数据通过 ETL 处理被重塑为通用格式。

终端用户需要了解数据湖中发生的数据转换。

数据转换有许多不同的类型。应用程序数据可以通过 ETL 转换为企业数据，如图 6-4 所示。原始文本可以通过文本 ETL 转换为数据库格式。其他非结构化数据可以进行数据分片（segmentation）和数据缩减（reduction）。

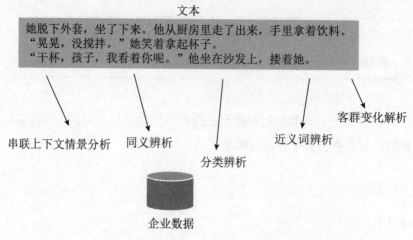

图 6-4　了解在数据到达数据湖之前发生了哪种类型的转换很有用

5. 文本 ETL

　　与 ETL 类似的是文本 ETL。文本 ETL 执行与 ETL 相同的数据转换。不同之处在于文本 ETL 对原始文本进行操作，而 ETL 对基于应用程序的结构化数据进行操作。原始文本被读入文本 ETL 中，并返回包含单词和上下文的数据库。一旦文本被简化为数据库格式，就可以与其他类型的数据一起进行分析。

　　终端用户需要了解在文本 ETL 流程运行后进行了哪些转换以及哪些文本数据在进行文本 ETL 处理后可用于分析。文本 ETL 与标准结构化应用程序 ETL 完全不同。因此，描述文本数据是如何在数据湖的文本 ETL 流程中被处理的等信息是非常有用的。

6. 分类标准

　　文本转换的基本要素之一是分类标准（taxonomy）。分类标准之于原始文本就像数据模型之于应用程序的结构化数据一样。分类标准用于将原始文本转换为数据库。分类标准对文本转换的完成方式有很大的影响，转换的质量和数量都极大地受到了文本 ETL 过程中使用的分类标准的影响，如图 6-5 所示。

在许多方面，分类标准对于文本 ETL 就像数据模型对于标准 ETL 一样重要。简而言之，文本 ETL 中使用的分类标准极大地影响了文本 ETL 完成转换的质量和准确性。因此，当检阅数据湖中的数据时，有必要考查分类标准。

图 6-5　如何将结构添加到文本中？

7. 数据体量

数据湖中的数据体量也是终端用户构建数据分析计划时需要重视的一个重要因素。在数据湖中，一些数据可以被完整地访问和分析，而其他一些数据可能需要在分析之前进行采样，如图 6-6 所示。终端用户需要了解这些因素，分析基础设施需要能够随时轻松地获取这些信息。

数据体量在数据的使用和转换中起着很大的作用。少量数据可以被灵活地操作，而操作大体量数据就没这么灵活了。在某些情况下，在数据湖中发现的数据会受到数据体量的极大影响，对于模拟数据和物联网数据等其他非结构化数据而言尤其如此。

去除冗余
细分
编辑

图 6-6　如果必须对数据体量进行调整，那么这种调整是分析基础设施必要的组成部分

8. 数据血缘

　　终端用户需要的关于数据湖中数据的另一项重要分析信息是数据血缘（data lineage）。在一个点摄取数据，然后在另一个点转换数据是再正常不过的操作。在数据的整个生命周期中，可能会有一长串的转换过程。有时，终端用户需要查看数据的来源以及进行了哪些转换。通过了解数据血缘，终端用户可以准确地在任何给定的分析中选择最适合使用的数据。

　　揭示数据血缘是数据湖分析基础设施的重要组成部分，如图 6-7 所示。在早期，数据的谱系是清晰、明显和简单的。但随着组织变得越来越大，组织的历史变得越来越久，以及 IT 体系越来越壮大，数据血缘变得越来越复杂。然而，对于许多类型的分析而言，数据血缘是一个非常重要的问题。终端用户需要对在数据湖中找到的数据进行清晰且无可争议的描述，以便可以准确地分析数据。

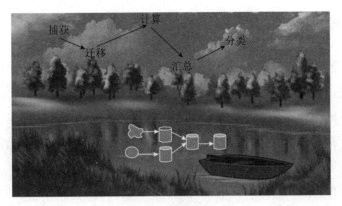

图 6-7　数据血缘

9. KPI

　　KPI（关键绩效指标）也许是终端用户可以为组织提供的最重要的指标。通常，KPI 是定期计算的，如每周、每月等，并根据应用程序的数据计算出来。其他时候，KPI 是根据其他类型的数据创建的。KPI 通常存储在长期存储中。有时组织需要回顾其 KPI 的历史。当 KPI 被明确指定并存储在数据湖中时，终端用户很容易找到 KPI 并进行分析。在整个数据湖中，散布许多 KPI 是正常的，如图 6-8 所示。当需要找到特定的 KPI 时，我们总是陷入有可能没有正确的 KPI、最新的 KPI 或者更好的 KPI 等这样或那样的困境。

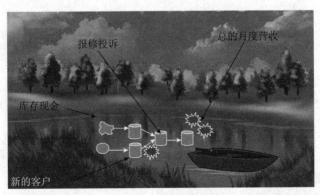

图 6-8　数据湖中最重要的分析功能之一是能够快速、准确地找到所需的 KPI

10. 数据的粒度

数据的粒度（granularity）是数据湖的关键和分析特征之一。如果数据不够细化，就无法支持灵活的分析模式。但是，如果数据太细化，则会占用太多空间，处理起来也会变得笨拙。假设两个或多个数据存储的数据粒度不同，在这种情况下，数据细粒度之间的差异会阻碍终端用户完成分析工作。

若要正确进行分析，终端用户必须了解数据湖中数据的粒度。

影响数据与其他数据进行比较和整合的能力的最基本的数据度量可能是数据的粒度。因此，需要对数据湖中发现的数据的不同粒度级别有一个清晰而简洁的定义。

11. 事务

并非所有的数据都是由事务（transaction）产生的。在某些情况下，事务本身就存储在数据湖中。如果是这种情况，那么记录事务使终端用户在检查数据湖时可以随时使用它们就是有意义的。

许多形式的分析要求终端用户回顾已经发生的事务。在组织中发现了许多类型的数据，但最直接影响组织的数据类型通常是其事务。因此，识别这些事务在数据湖中的位置是有意义的。

12. 键

键是元数据的一种特殊形式，是一种标识符，用于轻松地定位数据。因此，应识别键并使其可用于在数据湖中进行有效访问。

在数据湖中查找数据时，主键是必不可少的。换句话说，如果不了解数据湖的主键，数据将很难被分析。

键是了解数据湖中内容的生命线。使用键，我们可以找到任何出现的数据，确定两种不同类型的数据如何关联，以及了解数据的结构。

　　键在构建数据湖分析基础设施方面发挥着至关重要的作用。

---

13. 处理计划

　　数据有不同的来源，以多种不同的方式进入数据湖。因此，需要有一个"时钟"将数据输入数据湖。一旦有了数据时钟，终端用户就可以轻松知晓数据何时才会到达湖中。

　　有时，终端用户需要知道数据何时进入系统，何时被处理等。虽然在许多情况下，上次何时更新或刷新数据的信息似乎微不足道，但当开始对数据进行分析时，数据及其"新鲜度"会极大地影响要进行的分析。

　　因此，数据湖中数据的刷新时间成为数据湖的一个重要特征。

14. 汇总数据

　　数据湖里，有的数据是明细数据，有的数据是汇总数据。对于汇总数据，需要有算法文档来汇总数据并描述汇总数据的筛选过程。终端用户需要知道哪些数据被选中进行汇总，哪些数据尚未被选中进行汇总。

　　为了对在数据湖中发现的数据进行简洁分析，摘要文档是非常有必要的。数据湖中通常充满了汇总数据。查看汇总数据可以节省大量时间，而不用返回原始明细数据并重新进行计算以获得汇总数据。但是，摘要文档中有两个需要重点考虑的因素（如图6-9所示）：

- 哪些数据被选中并参与了汇总过程？
- 使用什么样的算法来创建汇总数据？

因此，分析基础设施对汇总数据提出三个特征要求：

● 都有哪些汇总数据？

● 汇总数据是如何计算出来的？

● 选择了哪些数据进行处理，从而得到汇总数据？

图 6-9　做了哪些汇总，使用了哪些算法？

15. 最低要求

轻松准确地分析湖中的数据要满足一些最低要求。

要理解分析基础设施的价值，只要考虑在没有它的情况下数据该如何去处理并进行分析就知道了。在没有分析基础设施的情况下，终端用户会花时间尝试查找或"清理"数据，而无法进行有效分析。分析基础设施处理的完全是来自数据湖中的数据。

没有分析基础设施的数据湖只会变成"数据沼泽"，而"数据沼泽"对任何人都没有好处。

第七章

数据湖仓中的数据融合

大多数数据计算和分析环境都有一个共性，就是只能处理一种类型的数据。例如：OLTP 环境主要处理基于事务的数据；数据仓库环境主要处理集成在一起的、表示过往的历史数据；文本环境主要处理文本数据等。

1. 湖仓和数据湖仓

然而，有一个例外，数据湖仓并不仅仅处理一种类型的数据，它原则上可以处理三种类型的数据：基于事务的结构化数据、文本数据和其他非结构化数据（如模拟数据和物联网数据等）。由于融合了不同类型的数据，因此在使用数据湖仓进行数据分析时出现了一个新问题。

这个问题就出现在以一种内聚的方式将不同类型的数据融合在一起进行处理的时候。

要对融合数据进行处理，终端用户必须解决如何分析来自多个不同环境的数据的问题。

---

2. 数据的源头

数据湖仓中的数据是由三种不同的处理技术所创建的，如图 7-1 所示。结构化数据和其他非结构化数据通过诸如 Databricks 这样的技术来获取，文本数据通过文本 ETL 等技术传递原始文本后得到，其他非结构化数据是通过数据缩减、数据分片和额外的统计手段进行处理后进入数据湖仓的。基于上述这些数据源，一个数据湖仓得以被构建出来。

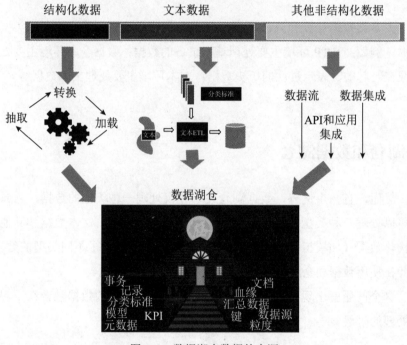

图 7-1　数据湖中数据的来源

3. 不同类型的分析

有两种基本的方式可以分析进入数据湖仓的数据。

一种是对单一数据环境的分析，即仅分析结构化环境、文本环境或其他非结构化环境，如图 7-2 所示。结构化环境中的分析包括寻找 KPI 等，其他非结构化环境中的分析包括趋势分析和模式分析等。单一环境的分析由来已久，并非新鲜事。

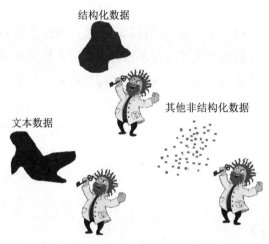

图 7-2 每个环境都是独立分析的

另一种是融合环境分析，包括结构化环境和文本环境的融合分析、结构化环境和其他非结构化环境的混合分析，以及其他非结构化环境和文本环境的混合分析等，如图 7-3 所示。

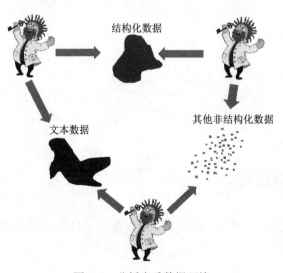

图 7-3 分析多重数据环境

对于结构化数据和文本数据，数据很容易匹配，因为这两种环境都采用某种规范的格式进行存储。但是，融合来自其他非结构化环境的数据就有点困难了，因为来自该环境的数据可能不是兼容的格式。

但数据格式只是冰山一角。一个更复杂的问题是在不同的环境中查找跨环境通用信息。

结构化环境是最容易解决上述问题的环境，数据在存储的时候就已经按键、记录和属性的格式要求进行了规范。在大多数情况下，在结构化环境中找到的键和其他项只能在文本环境中随机找到。在某些情况下，文本环境可能具有键和其他属性。但在大多数情况下，文本环境中的数据结构并不一致。其他非结构化环境中也存在缺失键的情况，甚至有可能根本没有键。

4. 通用标识符

要解决跨不同环境分析处理数据的问题，就需要有一些可用来比较的共同基础，而正好任何环境都有类似通用标识符的东西。常用的跨多个环境的通用标识符有：

- 时间；
- 地理位置；
- 货币；
- 名称；
- 事件。

5. 结构化标识符

如大家所熟知，结构化环境中的数据通常以高度结构化的方式存在，如图 7-4 所示。

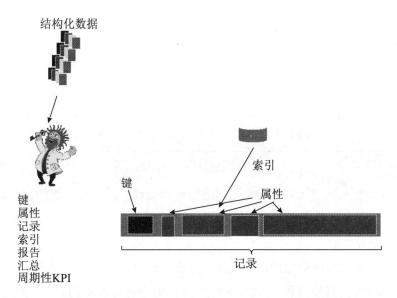

图 7-4　结构化环境包含键、属性、索引和记录

　　结构化环境中的每个记录都有这些特征。键可能是社会安全号码，属性可能是人名或电话号码，索引可能是一个人居住的城镇。所有这些信息都存储在单个记录中，如图 7-5 所示。

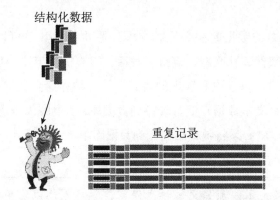

图 7-5　结构化环境中的每条记录都包含所有这些信息

6. 重复数据

　　结构化环境中的每条记录都具有相同类型的信息，可以说这些记录存

在重复性。在每条记录中有相同类型的信息并不意味着每条记录里的信息都完全一样。在一条记录中，名字可能是 Mary Jones。在下一个记录中，名字是 Sam Smith，但在每条记录中都会有一个名字。

相同类型的数据和相同的数据这两个概念是有区别的。

当一个人专门针对结构化数据进行分析处理时，一种典型的处理方式是寻找 KPI。通常会定期发现 KPI，并跟踪和比较从一个时间段到下一个时间段的绩效。

举一个仅能使用结构化数据进行分析的简单示例，终端用户可以发布关于现金流的月度报告。现金来源广泛，每个月都各不相同。现金流分析是组织的 KPI 之一。

7. 文本环境中的标识符

文本环境中的数据起初是原始文本。原始文本几乎可以来自任何地方，包括电子邮件、互联网、调查、对话、印刷报告等。一旦原始文本被采集并被处理成可以读取和管理的格式，就会被存储到数据库，如图 7-6 所示。之所以将文本数据存储并转换到数据库，是因为如果要对混合数据进行分析处理，就必须将数据结构化到数据库中。

如果文本以原始文本格式保留，它将无法以有用的方式被放入数据库。

将文本进行转换和处理后，在把结果存储到数据库的过程中，需要考虑以下几个要素：

● 原始文件的识别；

- 感兴趣的词（the word of interest）在被分析文件中的位置；
- 感兴趣的词；
- 感兴趣的词的上下文。

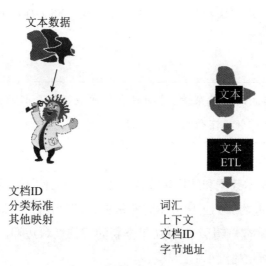

图 7-6 文本环境中的标识符

对于此类数据，在文本环境中可以找到对应上述几个要素的示例，文件标识符可能是"YELP Comment 506 on Jan 27, 2020"，字节地址可能是"byte 208"，词可能是"liked"，上下文可能是"积极情绪"，如图 7-7 所示。

图 7-7 如果你仅使用原始文本作为分析基础进行分析处理，则可以进行情感分析或
相关性分析

8. 文本数据和结构化数据的融合

我们可以进行的最强大的组合分析处理是组合来自结构化环境和文本环境的数据。要进行这种分析，首先必须将来自两个环境的数据连接在一起，如图 7-8 所示。

从格式的角度来看,将两种类型的数据结合起来很容易。

但是，合并数据不仅仅是合并数据的格式。

举一个将文本数据和结构化数据合并到一起的例子，先来看一段评论文本："我对最近购买的雪佛兰感到非常失望。"当客户评论与购买记录匹配时，可以看出客户购买了 2007 年全新的雪佛兰科迈罗，所以现在可以将评论附加到特定的汽车上。

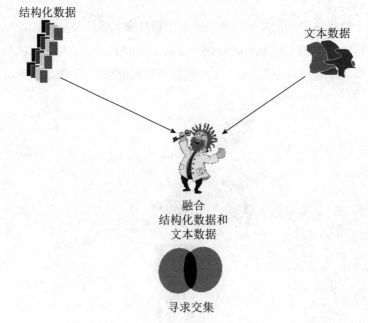

图 7-8　最有趣的数据（也是对分析最有用的数据）是将不同类型数据交叉在一起的数据

由于两种数据类型之间存在根本差异，因此通常很难找到数据的交集。

8.1　文本数据标识符

　　想要保证两种不同环境的数据融合之后有价值，最简单的方法是在文本数据中找到可以关联的标识符，再与结构化数据进行关联。在许多形式的文本数据中，确实存在一个特定的标识符，并且可以找到它。典型的标识符可能是社会保险号码、文件中的护照号码或员工工号。有时，文件本身也需要某种形式的身份证明，如图 7-9 所示。

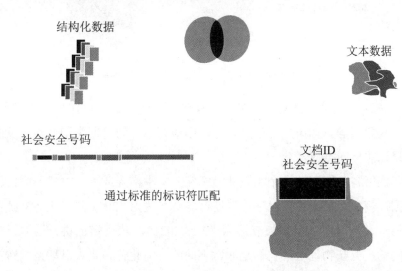

图 7-9　结构化环境中的社会安全号码与文本文档中的相同社会安全号码相匹配

　　如果文本文件中有标识符，那么将文本文件与结构化文件进行匹配就变得相当简单。

　　请注意，某些原始文本文件可能包含结构化的组件。如果是这样，那么匹配结构化数据和非结构化数据就变得容易了。但是许多文本文件既没有结构化组件，也没有标识符，在这种情况下，可以去找其他可融合的数据类型。

8.2　日期作为标识符

　　融合数据的另一种简单方法是在结构化数据和非结构化数据中查找日期，如图 7-10 所示。

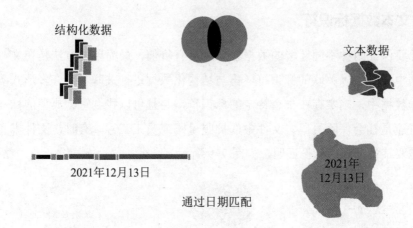

结构化数据

文本数据

2021年12月13日

2021年
12月13日

通过日期匹配

图 7-10 两种类型的文档都有某种形式的日期信息是很常见的

请注意，日期的类型多种多样，有购买日期、制造日期、销售日期、数据采集日期等。如果碰巧涉及事务，则最有意义的日期类型通常是反映事务日期的日期类型。

我们很容易想到的一个场景就是匹配文本中格式或表达方式不同的日期数据。例如，在一种情况下，日期可能被表达为"2021 年 3 月 13 日"，而在另一种情况下，日期被表达为"3/13/2021"。从逻辑上讲，这些日期是相同的，但在物理上，它们是非常不同的，因此有必要将日期格式转换为通用格式。

8.3 地理位置作为标识符

另一种匹配不同类型数据的方法是按位置（或地理位置）匹配。举一个简单的例子，得克萨斯州可以在两种类型的文件中找到——结构化文件和文本文件。我们可以对州名或其他名称进行匹配，需要考虑的是州名可能采用多种形式来表达，如图 7-11 所示。

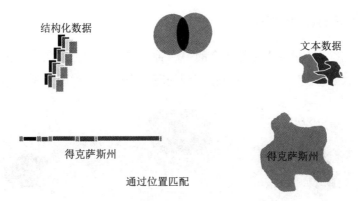

图 7-11 在一种情况下，得克萨斯州可能拼写为"Texas"。在一份文件中，得克萨斯州可以缩写为"TX."。在另一种形式中，得克萨斯州可能显示为"Tex."

8.4 人名作为标识符

融合数据的另一种方式是借助姓名。在所示示例中，姓名"Jena Smith"出现在结构化环境中的文件和文本环境中的文件中。

姓名匹配是最薄弱的匹配形式，原因如下：

- 姓名可以有多种匹配形式——Smith，Jena Smith，J H Smith 等，如图 7-12 所示。
- 可能会有多个人同名的情况；
- 人们有可能使用称谓，如先生、太太、女士、博士等。

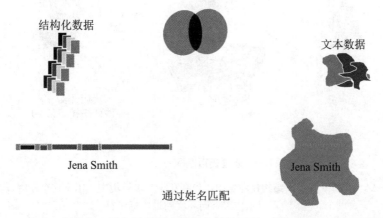

图 7-12 作为一般规则，姓名匹配不应被视为具体匹配。换句话说，姓名匹配可能会导致结果有问题

8.5 产品名称作为标识符

结构化文件和文本文件融合的另一种方式是匹配产品名称。例如，被称为"4×2电视"的产品可以在不同的环境中匹配，如图7-31所示。

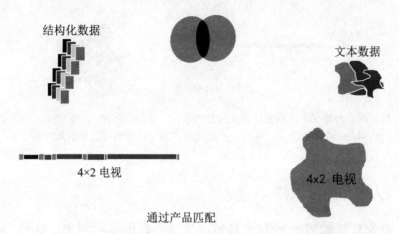

图 7-13 这种匹配方法的问题在于同一产品在多个地方的命名可能略有不同

8.6 货币作为标识符

另一个通用标识符是货币，如图7-14所示。

通过货币匹配

图 7-14 货币既存在于结构化环境中，也存在于文本环境中。出于这个原因，货币可以用作跨不同环境的通用标识符

但是货币作为标识符也存在一些问题。

第一个问题便是货币的一致性。除非进行了适当的换算，否则不应将墨西哥比索与智利比索进行比较。如果你已兑换货币，则需要指定兑换日期，因为兑换率会随着时间的推移而变化。

第二个问题是，由于通货膨胀，货币的实际价值会随着时间的推移而变化。将 1926 年的美元与 2010 年的美元进行比较会扭曲结果，即使是货币保持不变的情况也是如此。

然而，在某些情况下，不同环境的美元价值可以成功地用作比较的基础。

9. 匹配的重要性

匹配结构化数据和文本方面有很大的价值，其价值在于确定如何在两种环境之间进行分析和比较的匹配标准。因为匹配这两个环境的标准决定了如何进行分析，所以考虑数据如何匹配是非常重要的。

9.1　不完全匹配

无论数据匹配如何进行，总会有一些文件没有对应的匹配。换句话说，结构化世界中的一些文件与文本世界中的任何内容都不匹配，反之亦然，如图 7-15 所示。举个例子，一个人买了一辆车，但从来没有对这辆车发表意见。在这种情况下，将有购买汽车的结构化记录，但没有关于汽车的文本意见。这种不匹配很常见，没必要担心。

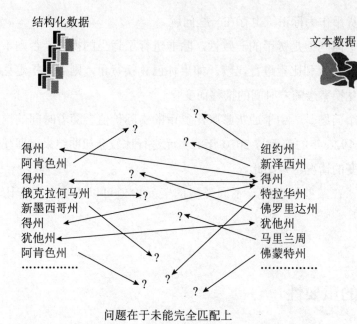

问题在于未能完全匹配上

图 7-15　文档和数据之间存在一些不匹配是不可避免的。数据源并不会被设计得紧密
　　　　协调，因此并非所有数据都能匹配也就不足为奇了

9.2　将其他非结构化数据与结构化数据或文本数据匹配

其他非结构化数据与其他类型数据的匹配面临相同的问题。数据可以在时间、地理位置、姓名或货币上匹配。

通常，某种形式的结构化引用可以从其他非结构化数据中获得。然而，这个世界上的数据往往非常庞大，而且非常不可靠。

第八章

跨数据湖仓架构的分析类型

查询和分析数据湖仓中的三大类型数据的方法有很多，大体可以划分为两大类别：

- 已知查询（know query），查询前就已知或可预见到结果；
- 启发式分析（heuristic analysis），查询开始时还不知道结果。

1. 已知查询

对于已知结果类型的查询，需求在一开始就是清晰的，如图 8-1 所示。大多数情况下，这种类型的查询分析只涉及数据搜索，偶尔还需要在找到数据后进行少量的计算。

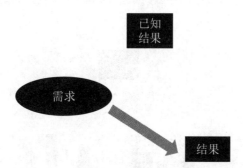

图 8-1　在已知查询的情况下，所需结果在处理需求前就已知

下面是一个已知查询的例子。假设一位客户去银行想知道自己的账户余额，银行出纳员输入这位客户的账号，查询后得到结果并告知客户：他的账户中有 3208.12 美元（如图 8-2 所示）。这是目前最准确的信息。而对

于这次查询来说,最困难的部分只不过是找到正确的数据。

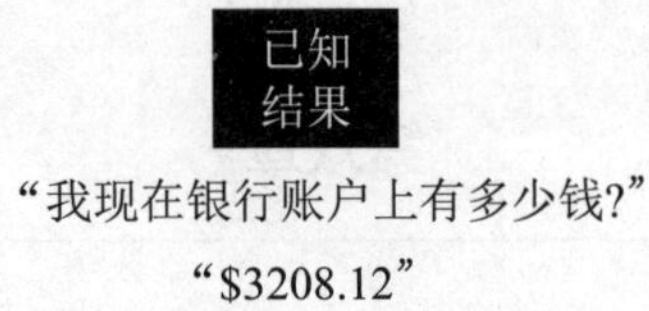

已知
结果

"我现在在银行账户上有多少钱?"
"$3208.12"

图 8-2　在这种情况下,查询仅需要识别客户的账户余额,然后进行搜索并找到信息

　　下面是关于已知查询的复杂一点的例子。一位经理希望知道自己的多个账户中目前有多少现金可供业务使用。此外,这位经理还想知道几个月以来累计的可用现金的计算结果。在这种情况下,需要采取以下步骤(如图 8-3 至图 8-5 所示):

● 找到所有账户里的可用现金,并将它们相加;
● 按月计算前面几个月的可用现金。

已知
结果

"我们现在有多少现金在手?"

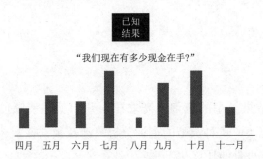

四月　五月　六月　七月　八月　九月　十月　十一月

图 8-3　在这种情况下,找到一个数据单元只是第一步,找到所有数据后,需要进行
一些计算

已知
结果

"我们每月的开销是多少?"

关联性分析

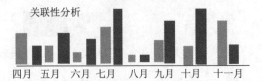

四月　五月　六月　七月　八月　九月　十月　十一月

图 8-4　更复杂的分析是将手头现金与每月支出金额进行比较

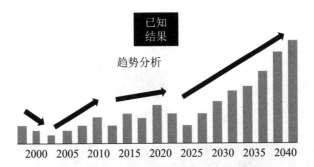

图8-5 这种查询形式可以结合起来进行更大规模的趋势分析

2. 启发式分析

启发式分析有时被称为"探索分析"。在启发式分析中,分析的下一步取决于前一步的结果,如图8-6所示。当开始进行启发式分析时,没有人知道分析需要多长时间,可能需要多少步骤,甚至连能否找到或计算出最终结果都不清楚。

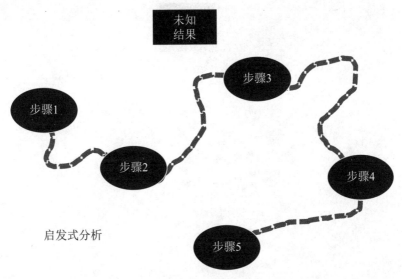

图8-6 另一种分析类型是不知道结果是否可用。事实上,往往没有人知道是否可以找到任何结果。这种类型的分析称为启发式分析

启发式分析的一种形式是大海捞针类型。假设终端用户希望查到是否

有银行客户为竞争对手工作。查询的结果可能是：可能有，也可能没有，或者可能不止一个人，如图 8-7 所示。

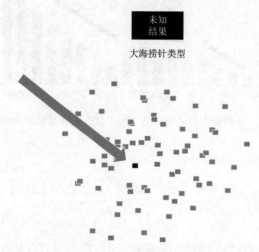

图 8-7　开始寻找符合此条件的一个或多个客户

但大海捞针类型并不是唯一的启发式分析类型，另一种类型是通过对大量记录的分析得出一个模型，如图 8-8 所示。

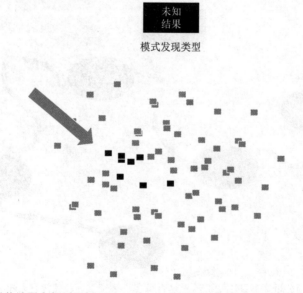

图 8-8　假设终端用户想要了解死于 COVID（冠状病毒）的患者数量是否明显超预期，或者因 COVID 去世的患者还有哪些其他特征。可能有也可能没有符合此标准的多个患者

启发式分析有一部分过程是识别以及去除异常值。在大量的结果中，总会有一些数据查询结果是要被舍弃的，如图 8-9、图 8-10 所示。

识别和标识异常值

图 8-9 终端用户希望丢弃已经接受治疗超过三天的患者记录。这些记录被定位并删除

预测未来结果

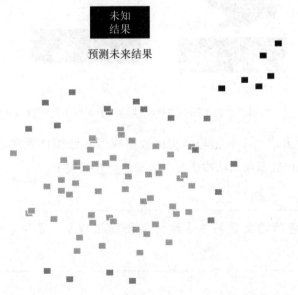

图 8-10 启发式分析最有用的地方在于进行未来预测。未来预测是基于未来在相同条件下的重复发生而产生相同的或其他可预测的结果

数据湖仓中数据类型不同，所适用的查询分析类型也不同。结构化数据最适合用于对已知结果的查询分析。非结构化数据适用于对未知结果的查询分析。文本数据支持对已知结果和未知结果的查询分析。

由于不同的数据类型支持不同的查询分析类型，因此，在组合各种不同类型的数据进行查询分析时自然会有不同的成功率，如图 8-11 所示。

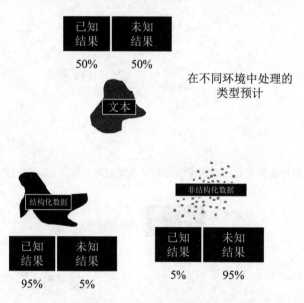

图 8-11　数据湖仓中不同的数据类型倾向于支持不同的查询分析类型

可以看出，文本数据与结构化数据或者非结构化数据可以很好地结合，而结构化数据和非结构化数据之间的交互就很少。

将结构化数据与非结构化数据相结合，查询分析记录不佳。

若要组合这些不同类型的数据，必须使用通用接口，如图 8-12 所示。

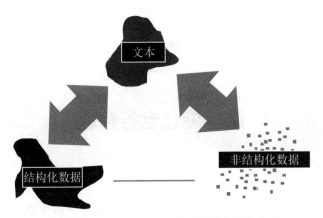

图 8-12　将数据湖中不同类型的数据进行融合

第九章

数据湖仓仓务管理

只要有房子的地方，就会有房屋管理。当我们谈及房屋的时候，首先多半会想到的是"这个房子看起来怎么样"，然后开始想象它的外观、内饰、布局、设计、美学、地块大小、周边的道路、建筑架构及其他可以想象到的、关于房子的因素。

一旦房屋建成，我们就不能对它弃之不理，否则若干年后，被遗弃的房屋难免会像是鬼屋。因此，为了确保房屋能够长期保持美观，我们需要进行房屋管理。房屋管理通过管理日常家务来修缮房屋，并使之井然有序。优秀和有规律的家务管理会使人们在家里的时候感觉愉悦，进而能够年复一年地提升人们的幸福感。

就企业等组织而言，组织中的"房屋管理"是指有助于提升组织生产力的记录保存工作。

与房屋需要管理类似，数据湖仓也需要"房屋管理"，这样能够让数据湖仓一直保持其功能，否则它可能会成为一个数据湖（类似上文所说的鬼屋）。

数据湖仓仓务管理能年复一年地维持数据湖仓的功能。

需要谨记的是，数据湖仓仓务管理建立了一套很强大的流程来区分

数据湖仓和数据湖。众所周知，数据湖仓同时拥有数据仓库和数据湖的特点。数据湖仓仓务管理有助于维护数据湖仓的"卫生"，使其年复一年地保持自己的特性，避免成为"数据沼泽"或者数据湖。

数据湖仓仓务管理流程使其能够区分数据湖仓和数据湖。

数据湖仓仓务管理维护标准数据采集、转换、联合以及抽取流程，同时也帮助数据湖仓进行数据管理和治理。

数据湖仓仓务管理维持着数据湖仓的功能，否则数据湖仓可能会变成数据湖。

当提到数据湖仓时，你会想到通过什么样的仓务管理使其井然有序呢？是不是管理数据湖仓里与数据相关的所有杂事？数据湖仓仓务管理可以解决下面这些问题：

- 数据湖仓里的数据如何集成；
- 数据湖仓内部如何交互；
- 如何管理数据湖仓里的主数据引用；
- 如何管理数据湖仓中单一版本的真实数据；
- 数据湖仓内有什么隐私和保密措施需要考虑；
- 如何确保数据湖仓中数据的相关性、可用性，并使之若干年后依然有效；
- 如何开展数据湖仓的日常维护。

从技术上来说，没有仓务管理的数据湖仓仅仅是数据湖，只是按照标准的数据湖创建流程将当前的源数据存储起来。

为了结合数据仓库的稳健性和数据湖的功能，我们需要严谨和细致的数据湖仓仓务管理。

1.数据集成和互操作

数据集成和数据互操作包含（如图9-1所示）：

● 数据采集；

● 数据抽取；

● 数据转换；

● 数据传输；

● 数据复制；

● 数据整合。

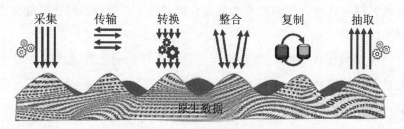

图 9-1 数据湖仓中的数据集成和数据互操作性

1.1 数据采集

数据采集包括但不限于将物理状态下的数据转换为数字和结构化的形式，以便于未来的存储和分析。一般来说，物联网数据的来源包含传感器信号、声音、文本、文本 ETL 的输出、日志等，如图9-2所示。数据湖仓被设计用来存储物联网数据。

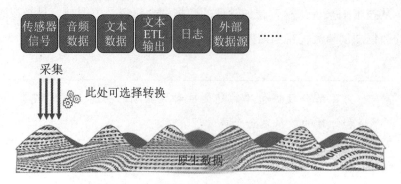

图 9-2 数据湖仓里异构来源的数据采集

采集数据之后，可以进行数据转换，而且在迁移数据到数据湖仓之前受限于不同的格式。

1.2　数据抽取

数据抽取是任何数据摄入流程的第一步。

数据抽取是从数据库或者 SaaS 软件及服务平台中抽取数据的过程，包含任何数据架构模式，如数据湖或者数据湖仓。

数据抽取是双向的。采集数据后，需要将源数据抽取到数据湖。我们需要应用很多架构模式将数据湖变成数据湖仓。然后，我们可以根据不同的消费目的从数据湖仓中抽取数据。

数据抽取是数据摄入流程的第一步。数据摄入流程可以是 ETL 或者 ELT。但无论采用哪种方式，抽取都是其中的第一步。

1.3　数据转换

数据转换是将数据从一种格式映射或者转换为另一种格式的过程。当期望的数据来自异构数据源并具有不同的数据格式的时候，我们需要进行数据转换，以便将数据统一为数据湖仓指定的格式。数据转换几乎是所有数据集成和管理活动的组成部分，包括数据仓库和数据湖仓的创建。

数据转换几乎发生在所有的数据集成和数据管理活动中。

当集成异构数据源如 XML、XLS、Word、text、PDF、RDBMS、文本
ETL 输出、CSV 和其他平面文件的时候，是需要进行数据转换的。数据转
换也可能是双向的，如数据湖里数据的流入和流出。

当我们提到数据湖仓的形式的时候，其内部更加需要进行数据转换，
因为数据湖仓的框架是从数据湖的数据转换来的。

因此，当数据格式、源和目标文件以及存储格式不同时，我们需要
进行数据转换。数据转换在一些场景中可能很直观、很简单，而在其他的
场景中可能很复杂，并且可能需要在数据到达目标文件或转换为存储格式
前对数据和数据格式做一些更改，然后存储，确保能被顺利且毫无顾虑地
使用。

　　无论何时何地，只要格式不同，就需要进行数据转换，
而且数据在源和目标之间需要有合适的转换规则的策略性
映射。

当确定是否在数据存储为目标文件格式前进行数据转换时，有三件事
情非常重要。首先要了解源数据的格式，其次是期望的目标数据格式，最
后就是将数据存储到目标文件和数据格式时需要应用的转换逻辑。

2. 数据湖仓的主数据及参考数据

为什么主参考（master reference）会出现在数据湖仓中？数据湖仓不
是数据湖。在数据湖中，我们可能不需要主参考。但是，正如我们所了解
的，数据湖仓是最好的数据库和数据湖。因此，数据湖仓中出现一个受控
的主参考就变得容易理解了。主参考是主数据的参考，通过标准化定义和
数据价值来管理共享数据，以减少冗余和确保数据质量，如图 9-3 所示。
主参考帮助维护一个多系统共享的单一版本的真实数据。

組織中共享数据和特有数据的差别在数据湖仓仓务管理中是非常重要的，它可以帮助构建主参考。

原生数据
参考数据和主数据

图 9-3　数据湖仓中的主参考层

指定共享数据会帮助我们在整个数据湖仓中维护一个单一版本的真实数据。数据湖仓不是废弃物堆放仓。一方面，数据湖仓存储多种异构数据源的数据；另一方面，它也是一些外部相关系统数据的真实来源。企业或者组织的不同系统可能从数据湖仓中定期或不定期地抽取需要的数据。在某些场景中，数据湖仓可能是一些企业或者组织的直接数据来源，包括但不限于各种分析、数据科学或者认知工具和应用。

数据湖仓可以是企业内部或者外部多个系统的真实来源。

一旦主参考层确认完成，接着就需要将其构建起来并启用。数据湖仓内部或者外部（数据湖仓的消费者）的每个系统或者数据段都应该依赖为其目的设计的参考和主数据。这必须是整个数据湖仓 ETL 的一部分。

接下来的问题就是主数据的引用优先级。这是一个很自然的问题，而且目前已经有了解决方案，并在创建主数据信息仓库时广泛使用。产品拥有者或者业务专家确定主数据的优先级，是否重写或者更新数据到主数据存储系统。应用工程师需要根据优先级定义引擎规则，任何主数据需要被重写、更新甚至删除（逻辑删除或者物理删除）时都必须遵守规则。

例如，企业有很多应用系统收集客户地址，可能是 CRM（客户关系管理）系统、销售系统、财务或账单系统。所有应用系统收集同一个客户的地址时结果可能会不同。CRM 收集的客户地址可能是"区域 -53，加尔各答，印度"，销售系统从订单中收集同一个客户的地址可能是"查纳亚普里，新德里"，但是，现在该客户住在"班加罗尔，印度"，而且账单系统有最近更新的地址。

所以，当企业有主数据的时候，所有的应用系统都将依赖单一版本的真实数据，当第一次创建单一版本的真实数据的时候，优先级规则需要明确哪一个地址数据会被写入主数据中。在上述案例中，账单系统的地址信息是最新的，应该被写入主数据。

3. 数据湖仓的隐私、保密和数据保护

数据隐私、数据保密和数据保护的效果有时会被安全性错误地稀释。

数据隐私和数据安全相关，但不相同。数据安全考虑的是确保数据的保密性、完整性和可用性。数据隐私关注的是业务如何收集和处理个人信息以及要做到什么程度。

你可以说隐私需要安全（没有安全，就不会有隐私），但是安全不需要隐私。数据湖仓必须通过数据保护来维护数据隐私和数据保密。

数据隐私也叫信息隐私，通常涉及通过多种场景提供给私营部门的、关系到个人信息的特定隐私。这里所说的个人信息是非常主观的，在不同的场景和领域中定义也不同。例如，社交媒体中的个人信息可能是个人凭证，包含姓名、性别、年龄、地址、联系号码、民族等。医疗健康领域的个人信息可能包含非常重要的 EMR 电子病历属性，如诊断、健康状况、重要器官状况、治疗方案等。

数据保密是保护信息不被泄露，通过确保数据仅对有限授权人员或仅对授权人员呈现实际或原始数据的关键信息（如加密或解密数据的密钥）。

例如，一个患者被诊断患有艾滋病，但是他可能不希望自己的健康状

况或者艾滋病诊断结果被分享给除了治疗他的医生之外的任何人，所以保护患者数据的私密性就是医院的职责。用来收集和存储患者数据的应用系统应该能够处理这种保密性。这些数据保密性规则也会应用到最终存储该数据的数据湖和数据湖仓。

数据保护是保护重要数据或信息不被污染、破解或丢失的过程。重要性的定义根据不同的企业和实体有所不同。重要的数据可以是未发布的财务信息、客户数据、专利、配方或者新的专利技术、价格策略等。因此数据保护流程为了能够解决企业数据保护的问题，应该足够健全和全面。

一些知名的数据或信息隐私、保密和数据保护政策有：

● 《健康保险可移植性和责任法案》；

● 《家庭教育权和隐私权法案》；

● 《儿童网络隐私保护法案》；

● 《格雷姆-里奇-比利雷法》；

● 《通用数据保护条例》；

● 《加利福尼亚州消费者隐私法案》。

当你在进行数据湖仓管理时，针对隐私策略、可用的保密规则和规章制度，要有数据保护流程。

对于数据湖仓架构模式的数据隐私和保密，要积极负责地采取行动。切记，数据湖仓是企业系统中非常重要的一部分。由于数据湖仓会存储企业成千上万个应用的数据，所以数据隐私、数据保密和数据保护规则应该被更全面地应用到数据湖或数据湖仓。

当管理数据湖仓时，知道可用的数据隐私和保密规则与健全的数据保护流程是极其重要的。

---

4. 数据湖仓中面向未来的数据

就数据而言，"面向未来"可以定义为预测未来需求并依此开发获取和组织数据的方法的过程，以最大限度地减少由于缺少数据或拥有太多不相关数据造成的差距。面向未来的数据的好处是可以实现与未来目的相关的数据驱动的研究、相关性分析、趋势预测、模式发现、基于数据的存证、过往事件分析等。它可以让我们有信心证明和支持过去的数据发现，并帮助减少因缺少面向未来的数据而可能给业务带来的压力，如不必要的冲击和意外等。

一个企业的所有数据可能在 10 到 20 年或 50 年后与该企业无关。企业等组织内的利益相关者有责任与数据架构师协调，以决定和指定核心实体和属性，确保有些数据即使在遥远的未来也能够与业务利益相关并且有用。

"面向未来的数据"是一个新词，是预测未来并开发获取和组织数据的方法的过程，该方法可以最大限度地减少由于丢失数据或缺乏相关数据而导致的、与目标的差距，这些目标包括数据驱动的目标研究、相关性分析、趋势预测、模式发现、基于数据的存证、过往事件分析和实验等。

我们不应忘记数据湖仓对企业的重要性。这个重要性是长期存在的。技术将不断发展，员工、顾问和供应商可能在企业内部来来往往，但积累的数据相关性将始终存在于企业之中。下一代业务肯定都基于数据开展。所有的认知活动（包括认知科学）都围绕着积累的数据展开，无论是与医疗保健相关，还是与保险相关。航空数据、环境或天气数据，社会、社会经济数据或行为数据，地理、政治或地缘政治数据，空间数据或任何研究领域的研究数据等更多的过往数据或经过验证的历史数据，将有助于实现未来更好的发现，因为"数据是新的黄金"。

技术在不断发展，组织将不断变化，但积累的数据相关性将始终存在于企业之中。

最重要的问题是哪些数据需要被保留、积累、存储和保存以备将来使用。 在创建数据仓库或数据湖时，我们通常会提前几年进行考虑。即便这样，它也是过去几十年或几个世纪以来从未被考虑过的开创之举。今天，我们已经开始考虑可以代代相传的永恒数据的重要性。然而我们不能将所有收集到的企业数据都视为面向未来的数据，因为这些数据可能不会在未来都保持其相关性，但我们应该对其重要性和相关性保持敏感。将所有数据都看作是面向未来的数据是很不明智的，并且可能导致各种问题，包括但不限于规模、数量、违反政策以及后期的误解或误用。

面向未来的数据应该能够提供过往数据，以满足各种分析和研究目的的需求。

在考虑构建面向未来的数据时，我们需要对数据的各个方面都保持敏感，包括相关性、相关粒度级别、上下文、格式、不同视角的维度、未来观点。

在数据上下文中，数据视图（data view）是我们看到的数据，而数据视点（data viewpoint）是我们从某个特定方面出发看到的情况。数据视点是一种关注业务特定方面的业务数据的方法。 这些方面取决于用户基于面向未来数据的业务目的或其他关注点，如图 9-4 所示。

请记住，数据观点有时可能取决于利益相关者的观点，并且可能是主观的。在决定有哪些潜在的、面向未来的数据（要捕获哪些主题、实体、属性）时，请尽量选择通用一点的数据。选取通用一点的数据并不意味着要获取一切数据，因为这样可能会捕获在未来变得无用的数据，这就与筛选面向未来数据的目的相反了。

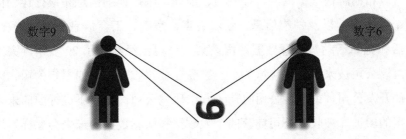

图 9-4　从两个不同视角出发，对同一主题有两个截然不同的观点

> 数据视点是根据业务关注点确定的，通常是根据核心利益相关者的需要协调创建的。

以医疗记录为例，捕获医疗记录数据很重要。历史病历的价值和好处是什么？如果能够有效利用，它会给医疗保健带来哪些好处？事实上，这些数据可以帮助挽救人类的生命，可以帮助进行疾病的早期诊断，可以在许多方面帮助医学开展研究，可以帮助更快地研制出针对威胁健康的致命疾病的疫苗，还可能会为医疗保健减少许多压力。

以新冠肺炎疫情的情况为例，如果对埃博拉病毒、禽流感、中东呼吸综合征和 H1N1 等类似流行病或大流行病的所有病历进行未来验证，那么新冠肺炎疫情的情况会好得多。

但是你知道医疗记录包含多少隐私和保密条款吗？处理病历是一个敏感的话题。在应用程序级别存储医疗记录与将其存储在数据仓库、数据湖或数据湖仓中的目的不同。当组织将医疗记录带到数据湖仓时，其目的不是治疗特定患者，相反，组织可能会将数据湖仓中的医疗记录用于各种医学研究、早期诊断、准确治疗、预防保健等。

医学研究、早期诊断、经过验证的治疗结果或预防保健不需要知道患者的姓名和社会安全号码。你真的需要 1968 年被诊断出患有流感病毒并在城市医院接受治疗的患者的电话号码吗？但你可能需要了解患者的年龄（或年龄组）、性别、所在城市或州，当然还有医疗状况，包括症状、日期、诊断、治疗和治疗结果等信息。

另一个常见的情况是，当一个企业捕获个人敏感数据时，面向未来的数据可以帮助解决数据漏洞，如姓名、地址、医疗详细信息和银行详细信息等个人数据，以及种族信息、政治观点、宗教、工会信息、健康状况、性生活和犯罪活动等敏感数据。假设某家公司已经经营了 20 多年，突然之间，该公司被来自不同领域的另一家商业公司收购，例如零售公司收购了软件开发公司，或制造公司收购了营销研究公司。如果不进行面向未来的数据的验证，被收购公司捕获的个人数据和敏感数据的未来会怎样？这些大量的个人数据和敏感数据可能会发生泄露。你永远不知道新的拥有数据的组织是否支持处理此类数据。

面向未来的数据可以帮助降低企业的数据漏洞风险。

现在让我们讨论如何构建面向未来的数据。

我们将面向未来的数据的构建流程划分为五个不同的阶段：识别、消除、面向未来、组织和存储。

5. 面向未来的数据的五个阶段

面向未来的数据的五个阶段如图 9-5 所示。

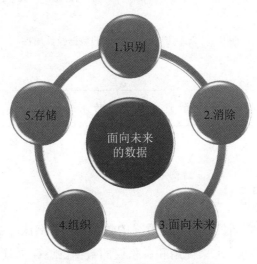

图 9-5 面向未来的数据的五个阶段

5.1 识别阶段

时刻牢记面向未来的数据的目的（如用来分析和研究），识别所有的实体和相关属性，以及对不同的商业需要和利益的意义。你仅需要识别自己所在业务领域的实体和属性，如保健、保险、航空、生产制造、教育、交通、医疗和零售领域。

例如，医疗保健领域的电子医疗档案可能有上百个属性，但你可能只需要其中的很少一部分，如图 9-6 所示。电子医疗档案的粒度取决于每个患者的经历。然而，未来你可能需要从疾病、被诊断患有该疾病的人数、患者的性别、年龄组、治疗状态和最终治疗方案中抽取数据。

图 9-6　如何识别面向未来的数据及其属性

面向未来的数据的意义在于协助分析研究工作。

5.2　淘汰阶段

对未来的分析研究没有任何意义的数据都需要淘汰。要淘汰敏感、在未来可能变得敏感、未来使用和有争议的数据。遵循更具体的淘汰策略，可以很方便并快速地减少数据。

例如，在零售领域，根据订单收集客户购买鞋子的质量的数据并不是很重要。相反，我们应该专注于每个十年以及现在鞋子类型、颜色或设计上的趋势。这会随着时间的推移向我们展现出时尚的趋势，而这要求我们收集的信息包括鞋子的类型、品牌、周期、售卖数量等。

当我们准备面向未来的数据集时，要淘汰敏感的、在未
来可能变得敏感的和有争议的数据。

例如，图9-7是医疗保健领域的电子医疗档案数据，它展示了面向未
来的数据，同时也包含其他类型的数据，比如个人数据、敏感数据和有争
议的数据。

图9-7　个人数据、面向未来的数据、敏感数据被分别标识

我们知道属性只有在关联到个人信息的时候才是敏感的。例如患者的
医疗状况和诊断结果只有和患者个人信息相关联时才会变得敏感，如社会
安全号码。同样，如果通过标识或者名字关联到特定患者，患者的种族也
会被归为有争议的数据。

通常，只有当数据或数据集链接或关联到个人信息的时
候，才包含敏感和有争议的数据。否则，一个孤立、废弃或
不相关的敏感和有争议的属性没有任何意义。

5.3　面向未来阶段

通过识别阶段和淘汰阶段，我们已经完成了构建面向未来的数据的大

部分工作。识别了只和未来相关的数据,淘汰了所有敏感和有争议的个人信息。另外,如果我们认为有些数据不适合提供给未来使用,或者可能会产生误导作用,并且导致未来商务上的数据分析出现偏差,我们应该将之匿名化。需要持续关注的数据包含个人数据,像名字、地址、医疗和银行明细,以及敏感信息,像种族或种族本源、政治观点、工会会员关系、健康、性生活和犯罪活动等。

通过数据匿名化,你保留了数据的目的,并且没有泄露真实的数据。

这两类数据可能会在未来导致决策偏见或产生争议,尤其是第二类数据对于政治主题更为敏感,因此进行数据匿名化将会非常方便。

一旦你注意到面向未来的数据集中可能有敏感的或争议性的数据属性,就要匿名化相关的个人信息。

在大部分业务场景中,我们不需要为未来使用提供最小粒度或者细粒度的数据。最小粒度的数据一般来说都存在于业务系统环境中,因此我们应该在准备面向未来的数据时,理智地决定数据粒度。准备面向未来的数据时,决定需要的数据粒度是非常重要的,这也决定了面向未来的数据的数据量。

聚合的数据越多,出现个人、敏感和脆弱数据的机会就越少。

最小粒度的数据是包含个人敏感数据的原始记录形式,如果处理不当,容易受到攻击。

数据湖或数据湖仓可以包含最小粒度的数据，因此我们需要明智地设置面向未来的数据的优先级特征。

原则上，独立、废弃或不相关的敏感和争议属性可以作为面向未来的数据的一部分，但它们如果不和人、地方或事情关联，则毫无意义。

在过去的50年间，在医疗保健数据的使用案例中，去了解桑杰先生（名字）是否是来自新德里（位置或地址），是否是一个印度教徒（宗教），是否患有新冠肺炎，如果是的话，他的CRT值是多少，并没有太大的意义。它解决不了行业问题，也解决不了当时的业务问题。相反，它可能会引起敏感的政治问题或被用于满足个别利益。若假设50年间患者重新出现了新冠肺炎或类似症状，在这种情况下，医疗保健行业可能想知道年龄在40～50岁的治愈人数和他们的平均CRT值，以及总的死亡率，不同年龄段的康复率，哪一种药物在治疗过程中有最佳效果，在男性、女性和儿童之间的感染传播率，具有并发症的人群康复率等信息。电子医疗档案中面向未来或未来可用的数据属性如图9-8所示。

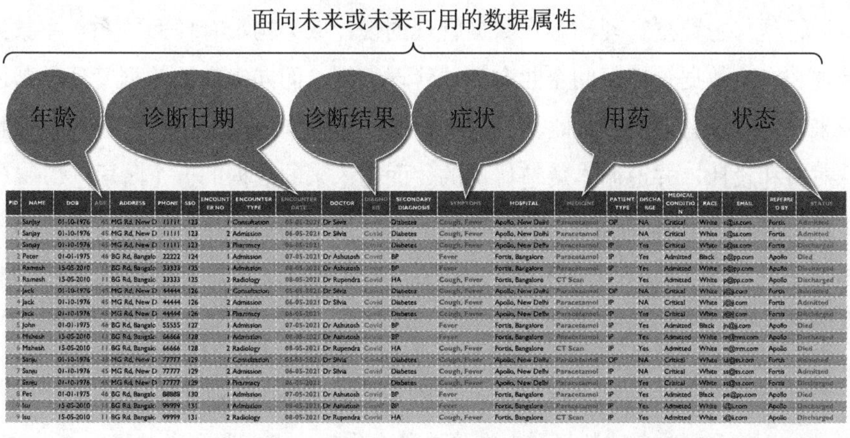

面向未来或未来可用的数据属性

图9-8 电子医疗档案中面向未来或未来可用的数据属性

实现上述信息需求可以解决当时的很多业务问题，也可以帮助医疗保健专业人员解决很多医疗问题，还可以拯救很多生命。因此，这也证明我们不需要存储最小粒度的数据。

面向未来的数据可以帮我们减少不必要的数据负担，减少存储、减少数据脆弱性和最小化企业数据复杂性。

下一个面向未来的重要部分是面向未来的数据采集周期。一旦你决定了数据的粒度和抽取粒度，你就可以写抽取规则，然后基于采集周期采集面向未来的数据。你的采集周期可以是每天、每月、每季度或者每年。你的采集模式应该被任何存储模式支持，也依赖于你目标系统的存储。在这种情况下，你的数据湖仓支持的模式也是其存储模式。

5.4 组织阶段

不像传统的组织数据存储到目标系统，也不像任何其他组织的数据管理，如主数据管理（MDM）和客户主数据管理（CDM），我们建议在你的目标数据湖仓管理系统中建立一个单独的、面向未来的数据管理层。如果需要，也可以为面向未来的数据建立一个单独的数据层。请牢记，面向未来的数据管理与主数据管理和客户数据管理的设计或架构没有任何关系。主数据管理和客户数据管理帮助企业有效地管理数据，面向未来的数据管理将帮助未来业务实现有效的和战略性的盈利。因此，面向未来的数据管理应该被特殊对待和设计，并遵循本章节讨论的、面向未来的数据的五个阶段。

创建面向未来的数据管理系统并不复杂。它是一个存储过去业务事实和数字的仓库，如图9-9所示，需要保持简单的设计并遵循面向未来的数据的五个阶段。

面向未来的数据管理允许在单个管理地点获取历史数据，以供未来使用。创建一个集中的、面向未来的数据存储库后，所有与面向未来的数据相关的请求都可以从这个存储库中得到满足。

图 9-9　数据仓库中的面向未来的数据管理层

5.5　存储阶段

当涉及面向未来的数据管理的存储，鉴于面向未来的数据的长期性，建议使用一种开放格式的、基于通用平台的系统，因此专有或供应商封闭的格式或平台就不符合面向未来的数据的总体目标。

大多数数据湖仓平台都支持开放的数据存储格式，这种格式符合面向未来的数据管理的基本要求。

在存储阶段，你必须确认面向未来的数据集的可访问性。谁可以访问数据，并有权限对任何数据进行插入、更新和删除，都应该在这个阶段进行决定和确定。

你还必须确定面向未来的数据管理的可用性。面向未来的数据管理的本质是保持高于 99.99999% 的需求类别可用性。是的，面向未来的数据应该在未来任何时候都可用。未来可能就是你业务的下一年，因为今年的数据对于下一年来说就是过去的数据。

一旦你确认了可访问性和可用性，存储升级就是存储阶段的最后任务，但并不是最不重要的策略。确保对面向未来的数据管理的存储完成升级，你可以使用最新的存储平台保存你所有面向未来的数据，并年复一年地进行无缝访问。切记，面向未来的数据是永恒的，或者能够一直维持到你的业务不复存在。

6. 数据湖仓的例行维护

数据湖仓的维护周期是数据湖仓仓务管理的一部分，如图 9-10 所示。

大多数数据湖仓平台都具有自我维护的功能，且其平台有健全的数据治理和管理方法论。但是作为数据湖仓仓务管理的一部分，我们应该使用这些维护步骤，以便于数据湖仓在年复一年的使用过程中，数据能够井然有序。

图 9-10　数据湖仓例行维护的生命周期

维护数据湖仓的秘诀在于它的成功实施。我们应该使用提供的实用程序或工具将大部分流程自动化到数据湖库平台中。

数据湖仓的精心规划和设计由健全的数据湖仓仓务管理机制支持，并给企业带来非常大的商业利益。

第十章

可视化

所见即所得！

可视化是一种技术，这种技术有助于我们利用标准的统计、数值或图形等方法将特定的数据转化成与之相应的信息，这些信息通常采用图形或者图片的形式来表示，易于向用户展示底层数据的价值，同时也更易于人们理解。

缺乏适当可视化的原始数据就像倾倒在工地上的建筑原材料。完工的房子则是基于这些原材料构建的实际视觉效果。

所以，在看到工地上完工的建筑之前，我们只知道这是一堆倾倒在地的建筑原材料。除此之外，我们并不清楚这些原材料是用来建造一般住宅、别墅还是公寓。

同样，在企业环境中，我们拥有 ERP 数据、CRM 数据、财务交易数据，以及大量不同格式的业务文本数据，其中可能包括合同、协议、反馈、审查意见和日志等。然而，我们并不知道这些数据怎样才能对企业整体的业务收益产生价值。具体来说，决策者不像数据科学家或数据工程师那样非常熟悉原始数据的处理。在这种情况下，可视化允许数据专业人员以各种形式将数据显示在仪表盘、图形、图表和地图中，再提供给决策者。数据可视化作为一个重要的决策支持系统，可以帮助企业进行商业决策。它可以显示业务趋势，也可以帮助我们基于历史数据起草下一个季度或财年的计划。

例如，一家商店企业在全球范围内拥有许多酒店和餐饮连锁店，假设在理想情况下，企业的管理井井有条，已经启用符合业界标准的应用程序，并维护最先进的技术和基础设施，以支撑业务的运行。他们用 ERP 收集整个企业内连锁酒店和餐厅的数据，基于云端的中心预订系统收集酒店预订数据，餐厅座位预订则通过最先进的移动应用程序完成。他们拥有业界最好的 CRM 和客户成就系统，用来管理客户资料、会员资格和客户积分。他们拥有运营日常业务所需的全部应用程序。

上述这些应用程序每天都在收集大量数据，而新的数据每分钟都在堆积。

但是接下来怎么办？决策者不会处理不同来源的大量数据，他们需要一种技术将存储在系统中的数据转换成能帮他们更好地进行决策的信息，这项技术可以帮助他们制定下一季度、下一年甚至五年后的业务战略和执行方案，毕竟一个企业的核心商业决策者或 CXO 往往可能并不具备查询、关联各种数据实体并从原始数据中获取信息的数据处理能力。

1. 将数据转化为信息

可视化技术对于数据科学家、数据工程师和组织内的其他数据专业人员来说非常方便。借助可视化技术、各种统计方法或认知科学，数据科学家和数据工程专业人员能帮助业务决策者做出强有力的支持性决策，以实现短期和长期商业目标，如图 10-1 所示。

可视化最终能帮助管理层了解对企业利润产生影响的潜在业务。例如：

● 同比增长或亏损；

● 总销售额和总收入；

● 特定市场营销活动产生的影响；

● 由于使用忠诚度应用程序，提高了客户留存率，从而提高了总体收入；

● 客户留存与收入提升的相关性分析。

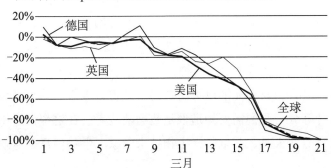

包括在线预订、电话预订和现成预约。
对于年度比较，OpenTable将同一周的每一天与2019年该周的
同一天进行比较。

图 10-1 在 2020 年 3 月的前三周内，新冠肺炎疫情对餐饮业的影响
（通过年度对比分析）

另一个例子来自医疗领域，医疗健康行业拥有海量数据，包括：

● 临床数据；

● 药物数据；

● 保险数据；

● EMR，包括患者人数统计和患者行为数据；

● 医疗专业人员的主数据记录；

● 成像数据；

● 病理结果；

● 诊断数据。

但从业者是否有效地利用了这些数据呢？例如，他们可能创建了一个
健康信息交换中心或医疗数据中心，甚至建立了一个数据湖或数据湖仓。
但是接下来呢？他们如何利用这些数据改善医疗保健情况？如何开展医疗
保健研究？如何从这些数据金矿中获得真正的利益？

答案是，他们将数据转换为信息，通过提取那些能为医疗保健行业带
来利益的相关行业或业务数据的潜在价值，让业务数据焕发出勃勃生机。
而如何将数据转换为信息呢？可视化是有效的方法之一。

医疗 EMR 数据可以告诉医疗专业人员（包括医生）特定疾病背后受
数据支持的原因。例如，传染病是怎么传播的？如何根据其行为来控制

它？哪种药对抗特定疾病的药效更好？哪一个年龄段的人最容易受感染？

如果医疗专业人员能够及时得到这些问题的答案，这无疑会对医疗保健有很大帮助。它将帮助医学研究发现即将出现的新病毒、菌株和突变，并用来研究疫苗和挽救生命的药物。

然而，只有当我们能够以可消费的格式将数据作为信息呈现时，才可能拥有这种好处。我们需要知道谁是数据消费者。在这个例子中，数据消费者是医疗专业人员、药剂师、生物技术学家、生物信息学专业人员和生物化学家。

我们需要识别可用数据、分析数据、关联数据，并以易于终端用户解释的方式将其可视化。

---

2. 什么是数据可视化？为什么它很重要？

数据可视化是指数据以图像的形式展示，有助于直观地显示原始数据背后蕴含的信息。此外，它有助于把数据和信息转换成视觉情境，从而讲述数据背后的那些故事。

我们不应该忘记，故事部分是关键。缺乏可传递的消息，数据可视化所展示的就不是信息，而只是数据。

可视化使数据更容易、更自然地被人们理解和领会，并从中有所洞察。利用绘图、图表、图形和地图等可视元素，数据可视化为我们提供了一种可访问的方式来查看和理解数据湖仓中的大型业务数据集中所蕴含的趋势、异常值和模式。

一切都是为了选择要共享的信息，以及如何共享。

创建可视化有两个基本选择。分析师进行数据可视化，以有用和吸引眼球的方式向用户提供数据。数据可视化用普遍可理解或易于解释的方式呈现大量信息，直接帮助用户从成堆的数据中发现模式、趋势和相关性等，并提取任何有用的信息。图表等视觉呈现无疑使我们更容易识别强相关的参数。

3. 数据可视化、数据分析和数据解释之间的差异

数据分析是使收集到的数据有序和结构化的过程，它将数据转化为团队能够用于各种用途的信息，包括可视化用途。数据分析使用系统化的方法查找不同类型数据之间的趋势、分组或其他关系。如前所述，数据可视化是将数据图形化（如图表、图形或其他视觉格式）以进行展示的过程，有助于为分析和解释数据提供信息，以便人脑能够更好地理解和解释。数据可视化以不同利益相关者可以访问和参与的方式来呈现分析的数据。通常，在数据可视化过程中，可能需要多种视觉效果来帮助人们理解更宏观的变化过程，并说明数据使用情况，如图 10-2、图 10-3 所示。常见的数据可视化格式包括：

- 频率表；
- 交叉表；
- 柱状图；
- 折线图；
- 饼图；
- 气泡图；
- 图片；
- 热力图；
- 散点图；
- 其他图表。

数据解释（data interpretation）是赋予数据意义的过程。解释需要对概括、相关性和因果关系做出结论，并回答有关项目的关键学习问题。这三

个过程通常不是线性的——它们不会按固定的顺序依次发生。相反，它们相互支持、相互告知和相互影响，从而为各种预期目标或业务产生十分丰富且非常有用的数据。

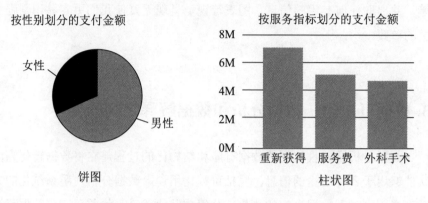

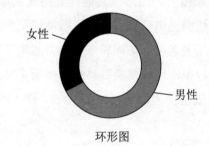

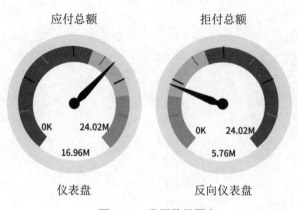

图 10-2　常用数据图表

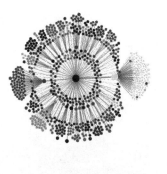

两个实体通过根节点连接

从医学数据集中提取的关系图

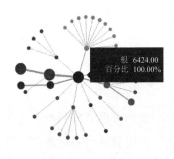

通过根实体连接的两个实体

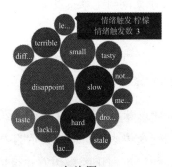

气泡图

图 10-3　一些特殊用途的图表

4. 数据可视化的优势

　　数据可视化的优点很多，常见的是数据可视化使每个人都可以接触到数字。例如，一个缺乏财务经验的首席执行官可能不理解财务报表，但他很容易理解负条形图，因此用图像显示数字能使之更容易被理解！不过，我们在这里应该注意，数据可视化并非局限于数字，可视化可以针对文本、上下文等进行。数字是视觉效果背后的关键。

　　另一个例子是用温度示数旁边的太阳图标表示温暖的天气，或者用乌云、水滴的图标表示阴天和下雨。你可能会看到用一个折线图来显示一段时间内的 GDP 或人口变化情况，或者用一个饼图来显示西班牙男性和女性感染新冠肺炎病毒的人数。

此外，想象一下，你所在的地方政府想通过展示其政策对改善社区产生的效果来影响你。政府如果期望向公民展示自从其执政以来犯罪率、死亡率和暴力行为都有所下降的情况，最好的方法是利用折线图来显示这些变量随着时间不断减少。

下面列出了数据可视化的一些优点，我们将逐一深入探讨：

● 易于沟通；

● 赢得关注；

● 带来可信度；

● 令人印象深刻（难忘或易于记忆）；

● 消息增强。

4.1 易于沟通

易于沟通意味着通过数据的视觉表示，我们可以非常轻松、方便、毫不费力地向受众传达我们想要显示的内容。使用数据可视化能产生明显的交流价值。使用可视化的表达方式可以更容易地理解速率和关系。同时，我们可以使用颜色和简单的标签，使图像更容易理解。如图 10-4 所示，这个基于数据湖仓创建的仪表板显示了客户对酒店的态度和意见反馈（出于匿名需要，数据和名称被混淆了）。其他例子如图 10-5 至图 10-8 所示。

图 10-4　仪表板中央的仪表指示器显示，客户的负面情绪处于直接影响业务的边缘（位于安全区域的末尾，即将进入警戒区域）。这里假设上限 20% 的区域是安全区域，超出安全区域是企业需要关注的问题，而超过 40% 的区域对酒店或餐厅业务而言是危险的

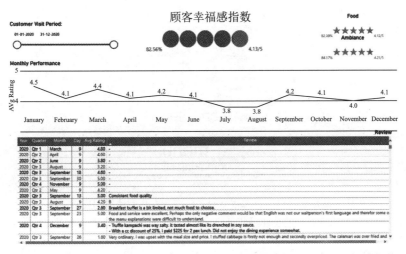

图 10-5 一个可视化页面显示了城市中另一家连锁餐厅的顾客幸福感指数

< 返回报表 | 月度表现

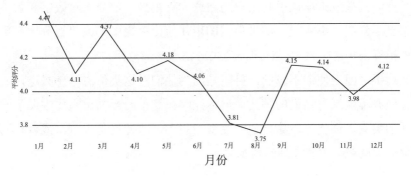

图 10-6 月度总体绩效来自客户对酒店各种业务要素的平均评分

食物

图 10-7 顾客对该市一家著名餐厅的食品评级

图 10-8 即使是一家知名餐厅，顾客也会对某些因素有负面情绪的反馈。那些及时理解其重要性并采取明智行动的企业经营良好，而忽视其重要性的企业注定难以经营下去

4.2 赢得关注

你的视觉效果应该引起用户的注意。有相当一部分人对数字和数字分析感到不舒服。事实上，如果你试图用任何比"比率"或"百分比"更复杂的指标来传达关系时，你可能会失去很大一部分用户。

这不是因为他们不聪明，可能是因为他们对这类信息不感兴趣，而你这样做并不能赢得他们的关注。但你能够在简单的数据可视化中展示你想表达的关系，你就可以赢得他们注意与思考，即使只是片刻，或者直到需要他们去解释、关联和理解数据。

数据可视化的主要职责和挑战包括赢得受众的关注——不要认为这是理所当然的。

图 10-9 提供了数据过滤选项，并显示在"总索赔"中，包括应付金额是多少，拒付金额是多少，以及总索赔的折扣是多少。根据协议，折扣可能因服务而异，也可能适用于整个索赔。仪表板上两个醒目的千分表可以用来判断应付金额是否在理想范围内（在本例中，大约为80%）。如果应付金额低于索赔总额的80%，则系统中的拒绝和折扣会比平时更多。因此，可能需要重新检查以确认该特定期间（从2020年1月1日至2020年

12 月 31 日）的应付款项是合理的。如果应付金额低于总索赔的 60%，那么管理层需要保持警惕，因为索赔被拒绝或打折超过 40% 是一个令人担忧的问题，并且尤其引人注目。它清楚地表明，在这段时间内索赔有问题。人们需要调查为什么会有这么多索赔被拒绝。

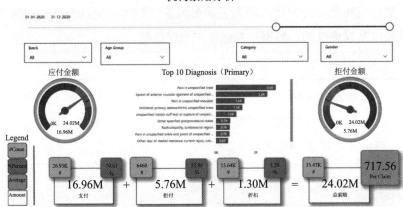

图 10-9　这个可视化仪表板的截图来自健康保险领域。该机构也被称为医院或医疗保健提供者，向受益人（患者）提供服务。由于是向患者提供服务，医疗机构必须将产生的费用作为索赔，提交给付款人（保险公司或政府）。因此，此仪表板显示了"机构索赔分析"部分

　　右侧千分表显示拒付量。拒付量在 20% 内一般是合理的（取决于行业和条件）。但一旦否认或拒绝索赔超过 20%，它就相当引人关注，这可能需要核实或交叉检查。一旦拒绝索赔超过 40%，它就是一个严重的信号。在这种情况下，管理层需要彻底调查这一时期的索赔。他们应对所有否认或拒绝索赔的理由进行确认。他们应该知道这些否认是真的还是错误的，如果是错误的，他们需要采取纠正措施。

4.3　带来可信度

　　数据可视化增加了消息的可信度。过去，许多著名的思想家都引用过这种观点：传播媒介改变了读者在传播领域中解释消息的方式。想想这三种不同的传播媒介：

● 文本；

● 电视；

- 数字广播或播客。

它们关注三种不同的感觉。介质可以是"热"的，也可以是"冷"的。热媒体几乎不需要受众的认知参与，而冷媒体需要受众更多的认知参与。你可以说文本是热媒体，而数字广播或播客是冷媒体。文本不需要读者"填补空白"，但数字广播或播客需要。

数据可视化是冷媒体，因为它需要大量的解释和受众的参与。虽然枯燥的数字是权威性的，数据可视化却是包容性的。

> 数据可视化吸引人查看图表，并通过让人积极参与来传达创作者的可信度，就像一位好老师会引导学生完成思考过程，并毫不费力地说服他。

4.4 令人印象深刻

可视化会在你的记忆中留下长期有效和完整的印象。

你记得上次在课文中读到的确切单词吗？你记得一个重要话题中的确切数字吗？即使你不记得了，你仍然可以很容易地记得之前看到的仪表板，如图 10-10 所示，拒付金额位于警戒区域，并且拒绝索赔量超过 20%。

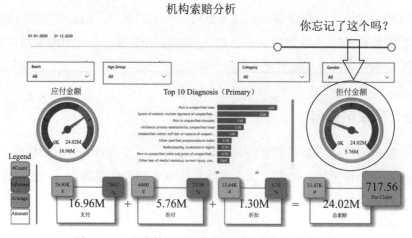

图 10-10　也许数据可视化最重要的优点是易于记忆

4.5　消息增强

适当的数据可视化可以极大地增强你希望向受众传达的信息。适当的图表不仅令人难忘，还传达了你希望如何将数据传达给受众。例如，查看原始数据的两个人看到两种不同的意义，他们构建图表来传达他们的信息，如图 10-11、图 10-12 所示。

图 10-11　被拒付的金额为 576 万美元

图 10-12　这个千分表显示同样的信息

我们可以清楚地看到，千分表的视觉效果对管理层或终端用户来说更强烈，更具说服力。因此，图 10-12 的图形起到了"消息增强器"的作用。

尽管这两种图表显示的是相同的事物、相同的数字和相同的图形，但其中一种只是一些无聊的数字，另一种则是一个警报或吸引注意力的存在，起到了增强消息的作用，如图 10-13、图 10-14 所示。

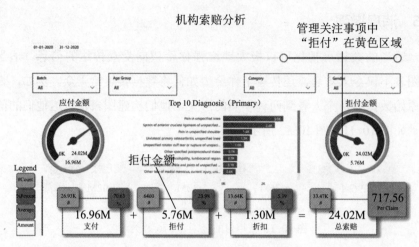

图 10-13 拒付金额与拒付率两个数字都是同一个仪表板的一部分,但前一个只是显示
意义不大的数字,后一个是提供给管理层的,若这个数字有任何问题,
都需要提醒他们

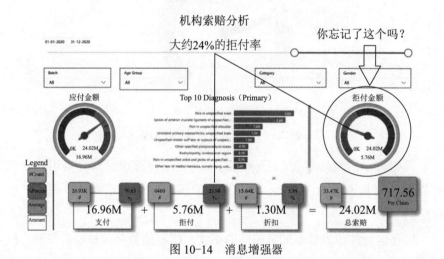

图 10-14 消息增强器

4.6 过滤器在可视化中的重要性

过滤器使你可以自由地进行数据筛选,并有机会可视化更多内容。
它减少了可视化过程中不必要的混乱,有助于保持可视化的整洁和目
的性,并为选择、验证、关联和交叉验证提供了更大的灵活性,如
图 10-15、图 10-16 所示。

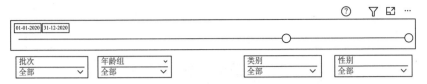

图 10-15 一些常用于可视化的过滤器选项。过滤器可以是时间、实体或属性

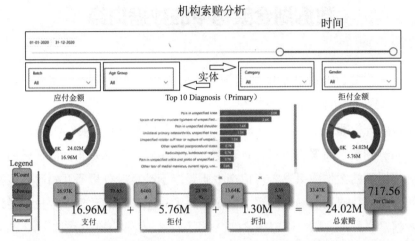

图 10-16 通过应用不同的过滤器，可以在一种可视化中使用多种方式

市场上各种基于数据湖仓架构的框架提供了开放式 API，可以使用 SQL、R、Python 或其他语言直接访问。

例如，Databricks 支持使用 display 和 displayHTML 函数进行各种类型的、极易操作的可视化。Databricks 还对 Python 和 R 编写的可视化库提供本地支持，并允许你安装和使用第三方库。

一旦你拥有了自己的数据湖仓，也可以通过编程语言实现可视化。Python、R、Scala 和 SQL 是帮助你直接对数据湖仓中的数据进行可视化的绝佳搭档。

第十一章

数据湖仓架构中的数据血缘

一天，某位金融分析师被叫到公司管理层面前做报告。高管们询问他："公司 7 月的收入是多少？"

金融分析师查询了数据库后，汇报当月公司收入是 2,908,472.00 美元。高管们听到数字后怒不可遏，直言这个数据绝对不可能是正确的，进而对金融分析师的工作成果是否可信产生质疑。于是金融分析师开始研究汇报给管理层的数据的准确性问题，他在充满了其他 KPI 的数据库中找到了这个数据。

公司月度营收
7月：$2,908,472.00

此时的金融分析师疑惑了：数据库里的这个 KPI 统计值是怎么计算出来的？数字的含义到底是什么？他咨询了不同的人，得到了 3 种不同的答案：账簿收入、项目收入和实际现金收入。而且，该金融分析师还惊讶地发现，这些数字分别代表了不同事物。

显而易见，只看最后的统计值并没有任何意义。比起结果，更加需要知道的是统计的内容是什么，统计项是什么，以及它们之间是如何计算的。金融分析师调研后发现，这个统计值来自之前的计算结果，并且是通过迂回路线转化过来的。

1. 计算链

计算链最初起源于在墨西哥马塔莫罗斯的一次比索币（墨西哥货币）

的收款事件。在交易中，收款必须在进入公司账簿前先去兑换成比索币。

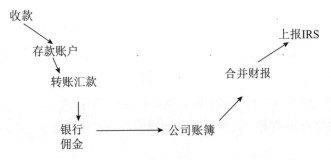

图 11-1　在兑换收款业务中需要计算银行佣金，这会产生汇率兑换费用。只有完成所有事务，收款才能最终进到公司账簿。但也是到那时，最初收款的金额已经和公司账户内实际收到的金额不一致了

图 11-1 描述的迂回路线只是信息流通的众多路径之一。在金融机构内部，信息总是会从一个系统流向另一系统，任何数据在存入数据库之前，都会经过很多选取（selection）和转换（transformation）。

不仅仅是收益数据，几乎每种数据都会在一条或多条迂回路线上进行流转。举个例子，人口数据在地理系统内流转，比如采集得克萨斯州达拉斯的人口数据，信息会先被存储到县级机构的统计部门，之后从县级流转到地区级的统计部门，然后依次流转到州级统计部门和美国国家统计局，最后到达北美洲统计部门，如图 11-2 所示。

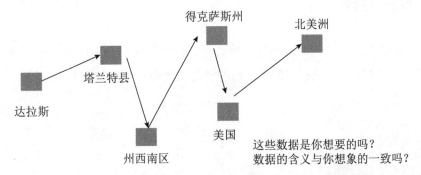

图 11-2　不管在哪一级别，数据都要经过选取和计算操作。当数据最终流转到北美统计部门时，很难知道它还代表着什么含义。在数据流转过程中，不同的城市可能采用不同的统计算法，休斯敦的可能和达拉斯的不一样，奥斯汀很可能有自己独特的分类和计算方法。当通过不同方式统计的不同种类的数据到达上一级采集处时，它们很有可能被混合在一起

2. 数据选取

数据从一处流转到另一处并不是导致数据完整性缺失的唯一原因，另一原因是数据选取（the selection of data）。例如在公司收款数据这件事中，有没有可能遗漏了其他类型的公司收款数据？达拉斯和休斯敦选取收款数据的标准是相同的吗？和埃尔帕索、奥斯汀也一样吗？如图 11-3 所示。

同样司空见惯的是，大型分析基础设施在处理数据时的选取标准也可能存在不同。

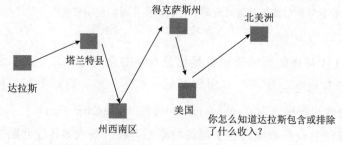

图 11-3　如果不同地区选取数据的标准不同，又怎么能计算出精确的统计值呢？或者说数据被过度解读了？

3. 算法差异

数据选取标准差异也不是导致数据完整性缺失的充要原因。数据每经过一次算法加工，就有可能和之前的计算结果不一致，如图 11-4 所示。

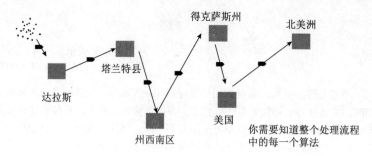

图 11-4　想要得到铁链一样坚固完整的数据，就需要知道该数据在加工过程中使用的每一个算法，并及时同步给下一级

数据在不同机构的系统内传输，可以反映出其在不同机构内发生了什么。前文提到的金融分析师如果想让自己的统计数据可信的话，就需要知道该数据的血缘信息。在结构化数据中，数据血缘信息应该包括：

● 数据加工步骤的描述；

● 被加工数据的名称；

● 数据加工中选择的算法及其标识；

● 执行算法的日期；

● 算法中输入数据的选取标准。

血缘信息要包含数据被加工的每一步信息，只记录一两步信息是不够的，我们要记录下所有步骤的信息。

4. 文本数据血缘

整个数据湖仓都需要血缘信息。不仅结构化数据需要，文本数据也需要。值得庆幸的是，文本数据的血缘信息比结构化数据的更容易定位和管理，原因在于通过 ETL 能够更规范地获取文本数据的血缘信息，如图 11-5 所示。

图 11-5　通过 ETL 抽取文本

通过 ETL 抽取原始文本数据产生的附加信息会被保留并存储在元数据内，并进行归档。我们自然就能轻易地获取和存储这些数据的血缘信息。

5. 其他非结构化环境的数据血缘

其他非结构化数据作为数据湖仓中的第三种数据类型，其血缘和其他环境内数据的血缘一样重要，但又不尽相同。

正常情况下，很多除了文本数据以外的其他非结构化环境内产生的数据是由机器自动生成的，因为机器的度量值具有连续性。最初采集这种数据信息时，会特别抓取机器开始运转以及运转日期的标识，如图 11-6 所示。

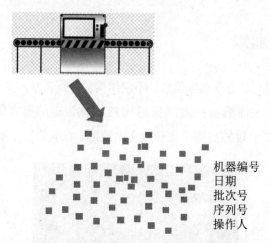

机器编号
日期
批次号
序列号
操作人

图 11-6　每个测量数据都会被抓取到数据库，最终通过某种途径进入数据湖仓。机器测量的数据血缘与除了文本数据以外的非结构化数据的起源息息相关

除了文本数据以外的非结构化数据的血缘信息主要包括：

● 机器编号，包括具体产品编号、检测编号或设备生产编号；

● 仪器或设备的生产日期或检测日期；

● 产品相关的批次号；

● 本批次内生产的序列号；

● 设备的操作员姓名。

当然,除了文本数据以外的其他非结构化数据的血缘信息的细节因不同类型的设备,差异很大,所以在此提及的信息仅供参考。

6. 数据血缘

无论如何,对数据血缘的详细描述以及揭示是数据湖仓不可或缺的重要部分,如图 11-7、图 11-8 所示。

图 11-7 数据血缘对数据分析师思考如何正确地做分析至关重要

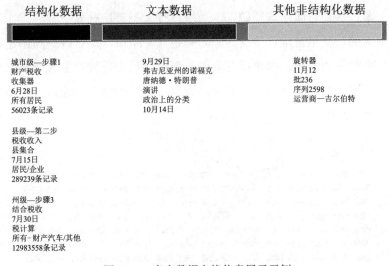

图 11-8 真实数据血缘信息展示示例

第十二章

数据湖仓架构中的访问概率

假设需要从海量数据中查询某一条记录,一种方法是建立一个索引,而不需要按顺序进行全表扫描。但如果该查询并非经常执行呢?为一个执行频次比较少的查询去构建索引显然意义不是特别大。或者说,如果该数据的结构本身就不支持索引那该怎么办?或许这个时候查询就必须在数据库中按顺序执行了,从一个数据单元检索到下一个数据单元,但这种情况就很糟糕了。

在数据的海洋中捞针面临诸多挑战,如图 12-1 所示,首先便是数据的复杂性(complexity)挑战。终端用户和程序员提供的数据查询逻辑可能过于激进,并且即便这样做了,系统执行大型顺序搜索所需的工作量也是非常大的,甚至是难以接受的。如果建立了索引,那么维护和创建索引都会产生额外的开销;如果没有索引,那么必然会导致产生大量的顺序搜索工作,这也会产生开销。我们应该避免在数据的海洋中通过大量的顺序搜索来进行捞针。

图 12-1　在数据的海洋中捞针

1. 数据的高效排列

以紧密连续、易于查找的方式安排需要定位的数据，会使工作高效得多，也简单得多。

如图 12-2 所示，数据的组织形式使所需的记录相互靠近。因此，记录易于搜索，而且查找数据的效率很高。有一种说法是不对的，那就是这种在架构上的改变可能难以实现——无论是用一种高效的组织数据的方式，还是用一种低效的方法。然而事实上，实现这种数据排列的方式其实非常简单，如图 12-3 所示。

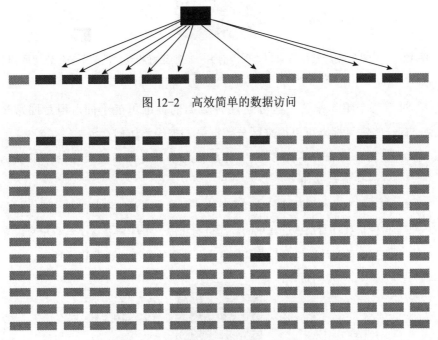

图 12-2 高效简单的数据访问

图 12-3 组织数据的两种截然不同的方式

2. 数据的访问概率

以物理方式来排列数据依据的是数据的被访问概率。当我们查看任何大型数据体（body of data）的时候，我们很容易发现某部分数据会被频繁访问，而其他部分数据则很少被访问。这种现象几乎出现在所有的数据体中，如图 12-4 所示。

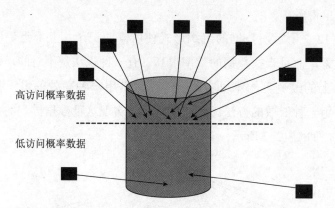

图 12-4　一些数据经常被访问和处理，而另一些则正好相反。这些不被经常访问和
　　　　处理的数据称为"休眠数据"（dormant data）

对于每个组织来说，区分这两种数据的标准可能不同，但是通常来说，有一些常见标准可以用来区分数据是否被经常访问：

● 数据的存在有多久远？当前数据几乎总是比历史久远的休眠数据更频繁地被访问。

● 哪些类型的数据被访问的频率更高？经验丰富的工程师可以告诉我们如何使用数据对制造过程中的故障进行排除，并了解在这个过程中应该查找什么类型的数据以及可以忽略什么类型的数据，如图 12-5 所示。

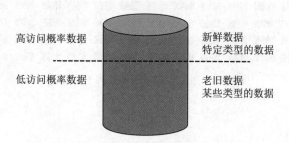

图 12-5　区分不同类型数据的标准

3. 数据湖仓中不同的数据类型

在数据湖仓中，区分不同类型的数据的需求是不同的。数据湖仓包含三种本质上不同类型的数据：结构化数据、文本数据和其他非结构化数据。这些不同类型的数据在数据湖仓中存在的绝对数量有着明显的区别。在数据湖仓中，有很少数量的结构化数据，而文本数据的数量多于结构化数据，但是除了文本数据之外的其他非结构化数据比文本数据和结构化数据都要多。

我们把按照访问概率的不同来划分数据的过程称为数据分片。

4. 数据量的相对差异

对于数据湖仓中不同类型的数据（如图 12-6 所示），因为数据量的不同，应用数据分片的策略也随之不同。必须将基于访问概率的数据分片应用于非结构化数据，而将这种分片技术应用于文本数据的重要性较低，对于结构化数据来说，分片技术并不是必需的，如图 12-7 所示。

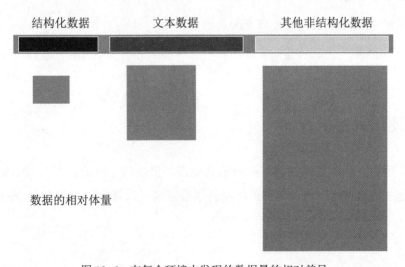

图 12-6　在每个环境中发现的数据量的相对差异

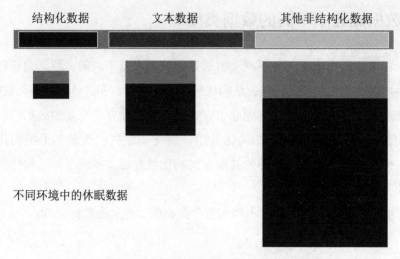

结构化数据　　　　文本数据　　　　其他非结构化数据

不同环境中的休眠数据

图 12-7　数据湖仓环境中活动数据和休眠数据的区别

5. 数据分片的优势

基于访问概率对数据湖仓中的数据进行分片有很多充分的理由,最重要的理由有两个:

- 数据分片使数据处理更加简单;
- 数据分片可以大大节省数据的存储成本和处理成本。

6. 使用大容量存储

确实,休眠数据的访问和分析会更慢、更烦琐。但是鉴于人们很少会对这些数据进行分析,这样的限制并不会带来什么负担,如图 12-8 所示。

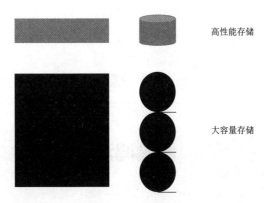

图 12-8 通过把数据划分成经常使用的数据和休眠数据，数据湖仓设计人员可以利用这两种数据的显著区别来节省存储成本。成本高昂的高性能存储方式可以应用于经常使用的数据，而经济实惠的存储方式可以应用于休眠数据

7. 附加索引

如果需要在休眠数据环境中加快数据处理的速度，那么数据湖仓设计人员可以在休眠数据环境中创建一个或多个附加索引（incidental index）。附加索引不是为特定需求创建的，而是为未来可能出现的潜在需求创建的，并且可以为休眠数据创建多个附加索引，如图 12-9 所示。

由于许多条记录是在休眠数据环境中找到的，一个坏处是创建附加索引是一个缓慢而乏味的过程，而好处是，这些索引是在后台创建的，不需要急着立刻创建。

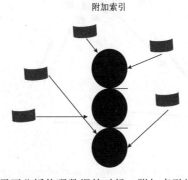

图 12-9 当需要分析休眠数据的时候，附加索引就派上了用场

第十三章

跨越鸿沟

数据湖仓的本质是不同类型数据的混合。每种类型的数据都有其特性，并服务于不同社群中各种的业务目标。

将归属于不同用户的各类数据放置在数据湖仓中并服务各自的用户显然是没问题的，但数据湖仓最大的价值在于这些数据在同一时间服务于不同的社群用户，这样才能发挥数据更大的价值。

1. 合并数据

对多个社群的数据进行合并是很有必要的，这样可以方便通过多类型的数据来提供服务。最简单的情况可能只是一个关联，复杂一点的情况还需要进行一些更有创造性的工作，如图 13-1 所示。

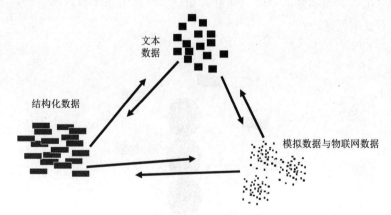

图 13-1　目前的问题是数据湖仓中的数据在形式和内容上都存在很大差异

2. 不同种类的数据

合并数据湖仓中发现的不同类型数据，首要的也是最直接的挑战就是来自不同环境的数据的格式差异很大。例如使用 ETL 将文本数据导入与基于事务的结构化数据兼容的标准数据库中，在这方面，整合结构化数据和文本数据非常简单。但是基于事务的数据的键值结构可能与文本数据的键值结构不匹配。也就是说，可能存在兼容性问题。

模拟数据与物联网数据的格式通常与文本数据或基于事务的结构化数据非常不同，模拟数据与物联网数据的关键结构通常也与基于事务或基于文本的数据有很大不同。

真正的挑战仅仅是了解不同类型的数据格式，并找到共同点作为分析的基础。

---

3. 不同的业务需求

但是，使用组合数据湖仓中的数据的更大挑战在于组合不同类型的数据以满足业务需求。这就像让阿拉斯加的因纽特人、新几内亚的土著人和埃及的骆驼牧民生活在一起，这三种类型的人之间几乎没有文化相似性。因此，沟通与合作成为一个挑战。

4. 跨越鸿沟

为了充分利用数据湖仓中的数据，有必要跨越不同环境的技术和业务功能需求带来的鸿沟，如图 13-2 所示。

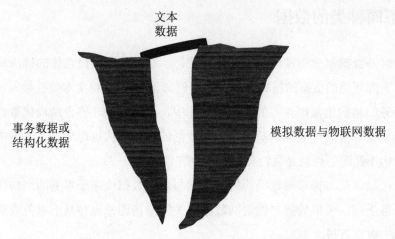

图 13-2　不同种类的数据之间存在着鸿沟

　　每种不同类型的数据都有其独有的特征。在直接的方法中，数据只是从一个环境移动到另一个环境，然后对键进行匹配并将数据链接在一起（如果实际上可以进行匹配）。为了理解合并后的数据，不同环境之间需要有一个共同的键结构。如果两种环境之间没有共同键，那么几乎不可能对数据进行有意义的合并和分析，如图 13-3 所示。

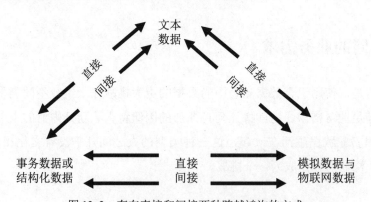

图 13-3　存在直接和间接两种跨越鸿沟的方式

　　当不同环境之间存在共同键时，可以有多种形式，如产品、姓名、社会安全号码、地址、州、时间等。

　　在数据湖中间接完成数据的融合比直接融合数据更强大和有用。数据的间接融合可以采取多种形式。

我们通过一个简单的示例（如图 13-4 所示）来了解如何将来自数据湖仓的不同数据类型间接融合在一起。

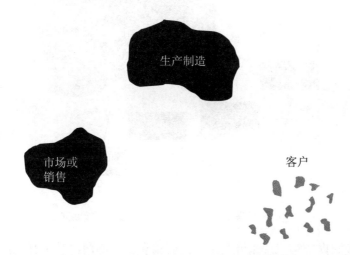

图 13-4 假设有三个实体：一个客户团体，一个拥有营销和销售组织的公司，以及一个公司的制造部门

客户会以多种方式发出自己的声音。电子邮件是客户反馈的一种渠道，另一个渠道是互联网，或者是大多数组织都拥有的呼叫中心，如图 13-5 所示。在这些渠道中，客户都会表达他的意见。例如，客户对产品的成本、安装方式、停电情况、天气状况、产品或服务的质量、产品的颜色等都可能有意见，这些大大小小的意见都会对公司产生价值。

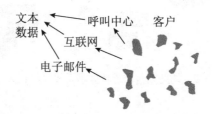

图 13-5 不管客户意见是如何被表达的，它们都是以文本的形式被捕获的

组织的制造部门生成自己的数据。数据的来源之一是生产组织制造的产品。用于生产产品的机器产生各种事物的测量结果，如图 13-6 所示。制造速度、制造质量、所制造商品的内容、生产产品的进度都被一一测量。

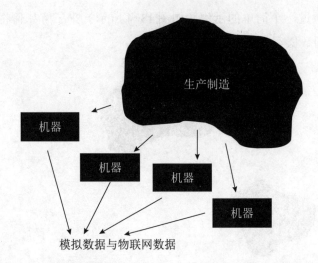

图 13-6 这些测量结果被收集到一个模拟数据与物联网数据库中

生成数据的第三个来源是组织的营销和销售部门，其中有通过销售创建的事务。销售日期、客户、销售价格、销售人员和销售地点只是销售活动创建的一些信息，如图 13-7 至图 13-11 所示。

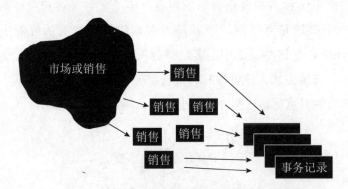

图 13-7 这些销售信息数据单元被定向到数据库

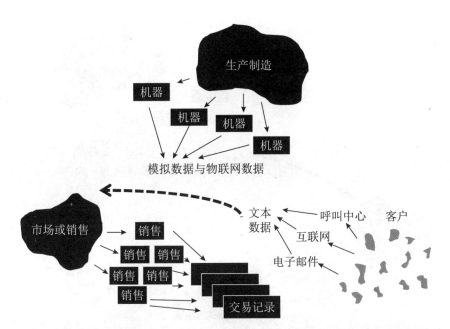

图 13-8　客户的声音被听到，其结果被反馈给营销和销售部门。营销和销售部门随后会调整产品及其营销方式。营销和销售部门调整的结果最终会体现在新的销售交易中

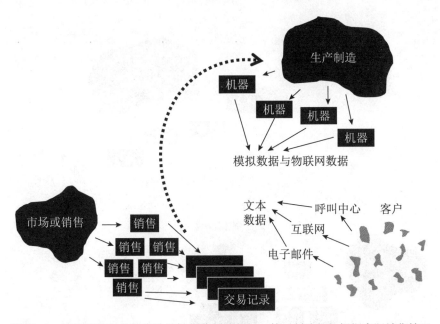

图 13-9　计量销售交易并将结果提供给制造部门。然后制造部门根据实际销售情况调整计划、目标和路线图

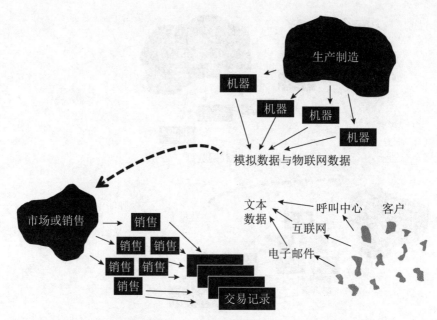

图 13-10   制造数据被提供给营销和销售部门。提供的数据类型包括发货日期、订单完成日期、延迟建议、质量信息等。营销和销售部门在销售预测、交货计划、合同等方面使用此信息

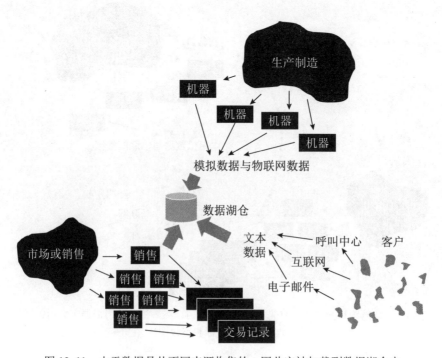

图 13-11   由于数据是从不同来源收集的，因此它被加载到数据湖仓中

　　此处描述的场景反映了大多数组织的情况，但无法覆盖全部情况。然而，对于其他类型的组织，必然存在类似的间接营销循环，如图 13-12 所示。

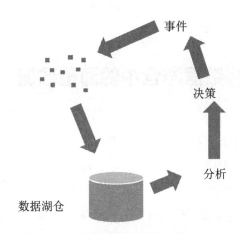

事件

决策

分析

数据湖仓

图 13-12　数据参与的间接反馈循环

　　数据——无论以何种形式——都取自数据湖仓。 数据分析完成后才能做出决定。而该决定导致某种事件，该事件又会生成数据，然后将数据反馈到数据湖仓中。 这是数据湖仓中的数据采用的间接路径。因此，数据湖仓中的数据鸿沟可以用一种非常间接的方式来跨越。

第十四章

数据湖仓中的海量数据

数据湖仓在经济性和技术管理方面面临诸多挑战,其中最大的一个挑战是管理数据湖仓中收集到的海量数据。而数据湖仓中存有如此大量的数据,有如下几个主要原因:

- 我们需要随着时间的推移而不断地收集数据,因此在数据湖仓中可能存有 5 年、10 年甚至更久的数据;
- 我们需要在数据湖仓中收集更细粒度的数据,这样一来,就会收集到足够多的数据单元;
- 数据的来源多种多样,比如文本数据、模拟数据和物联网产生的海量数据,这些数据几乎是无穷无尽的。

正因如此,数据如雪崩般涌向了数据湖仓,如图 14-1 所示。

图 14-1　雪崩般的数据

1. 海量数据的分布

数据湖仓中的数据量并不是呈均匀的正态分布。通常情况下，数据量最少的是基于事务的结构化数据，其次是文本数据。显然，数据湖仓中数据量最多的是模拟数据和物联网数据，如图 14-2 所示。

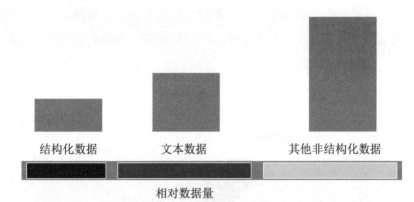

图 14-2 数据湖仓中的数据量并非呈均匀的正态分布

在各个层次中，海量数据中总会存在休眠数据。无论是结构化数据、文本数据还是模拟数据与物联网数据，在任何大型数据集中都会发现休眠数据的存在，如图 14-3 所示。

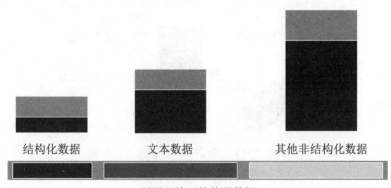

图 14-3 有多少休眠数据？它们位于何处？增长速度如何？

2. 高性能、大容量的数据存储

由于数据湖仓中存有休眠数据，所以拥有不同类型的数据存储介质就会方便得多。总体来说，存储分为高性能存储（high performance storage）和大容量存储（bulk storage）。

数据需要根据访问概率分布在不同类型的存储上，也就是说，访问概率高的数据需要放在高性能存储中，而访问概率低的数据可以放在大容量存储中，如图 14-3 所示。

图 14-4　高性能存储允许快速访问数据，但价格昂贵；大容量存储不能实现快速访问数据，但价格低廉

这类存储方式有利于兼顾数据的高效访问和存储的经济性。当数据按所述方式布局时，可以称其为"分片"的，如图 14-5 所示。

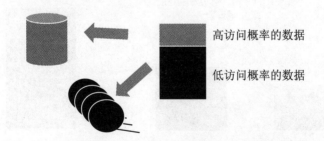

图 14-5　从战略角度来看，数据分片是管理海量数据的最佳做法

3. 附加索引和摘要

不过，也可以采用其他方法来管理海量数据，如图 14-6 所示。其中

一种就是创建附加索引，它由后台进程创建，这类进程不使用时可针对批量数据运行。当然，附加索引仅针对低访问概率的数据。

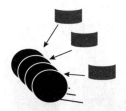

图 14-6　如果需要访问海量数据，创建一个或多个附加索引能节省大量时间。考虑到一个或多个附加索引可以在后台创建而成，所以完成附加索引所要求的处理既经济又相对简便

另一种技术是智能地使用摘要（summarization）或聚合（aggregation）。按一定策略利用摘要可以最大限度地避免搜索海量数据，如图 14-7 所示。在许多情况下，人们将摘要数据置于高性能存储中，把底层细节放在访问概率低的大容量存储中是有其合理性的，如图 14-8 所示。

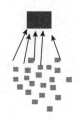

图 14-7　摘要汇总通常是不错的办法

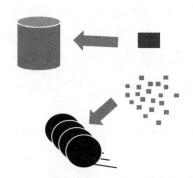

图 14-8　汇总后的数据被置于高性能存储中

4. 周期性的数据过滤

第二种管理海量数据的方法是定期过滤数据。每月、每季度或每年，根据数据的年龄，将数据从高性能存储筛选过滤到低性能的大容量存储中，如图 14-9 所示。随着数据的老化，对周期性过滤系统的需求会逐步减少。

图 14-9　定期过滤数据行之有效

虽然可以根据日期以外的标准进行数据过滤，但日期是最常见的标准。

5. 数据标记法

第三种管理海量数据并且比较严苛的方法是数据标记法（tokenization of data）。在数据标记法中，数据值被更短的值取代，比如，"宾夕法尼亚"这个词可以用"PA"代替。虽然数据标记可以显著减少数据量，但它引起了数据访问和分析方面的问题。为了分析数据，必须将标记的数据还原成原始状态，这就违背了进行数据标记的初衷。正因如此，数据标记法是一种偏激的做法。

Pennsylvania—PA
Babe Ruth—BR
James Dean—JD
Argentina—AR
Wednesday—WD
Arlington Cemetery—AC
November—NO

---

6. 分离文本和数据库

有时当涉及文本数据时，减少数据量的一个策略是将上下文数据放在高性能存储中，将底层文本放进大容量存储中，如图 14-10 所示。同样，只要没有频繁地跨越不同存储类型，这类布置就能很好地满足要求。

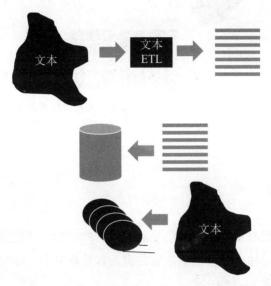

图 14-10　原始文本被置于大容量存储中，数据库被置于高性能存储中

7. 归档存储

第四种管理海量数据的方法是归档存储，它可以在数据移出大容量存储时进行存储，如图 14-11 所示。一般来说，归档存储比大容量存储的成本更低，但在使用上却要麻烦得多。因此，如果数据有一定的访问概率，那么就不该进行归档存储。

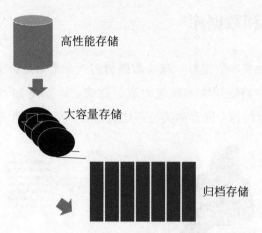

图 14-11 第三层存储进一步缓解了海量数据的存储问题

8. 监测活动

第五种管理海量数据的方法是监测数据的活动。通过监测活动，分析工程师能清楚地知道哪些数据应该归进大容量存储中，哪些数据应该置于其他地方，如图 14-12 所示。

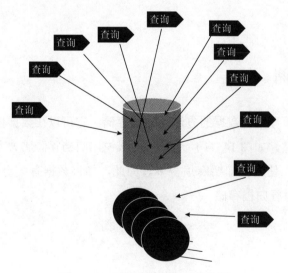

图 14-12 对数据湖仓活动的监测

9. 并行处理

第六种管理海量数据的方法是并行处理。数据处理并行化的意思是，如果一个处理器需要一个小时来完成数据处理，那么两个处理器就只需要半个小时来完成同样的工作量。故而，并行处理的确减少了完成一定工作量所需的时间。

但是，并行处理也有局限性，那就是它只能减少处理数据所需的总时长。并行处理实际上大大增加了处理的成本，如图14-13所示。事实虽然如此，但是把工作流程并行化仍然可以减少处理数据所需的时间。

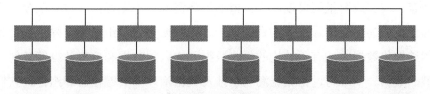

图14-13　并行处理减少了处理的总时长，但增加了成本

第十五章

数据治理与数据湖仓

向数据湖仓演变是以数据为中心进行的。在组织内部，资产是指能够拥有、控制或衡量的可以产生价值的经济资源。毫无疑问，数据在今天俨然已经成为组织中最主要的资产之一。在数据资产的组成中，除了最常见的结构化数据，还有无结构的文本数据、物联网数据和模拟数据等其他类型的数据。本章将讨论数据湖仓中涉及数据治理的关键概念和组件，它们是确保数据通过治理实现其价值最大化的关键。

1. 数据治理的目的

数据治理的目的是通过管理确保有价值的数据能够为业务的战略决策提供支持，业务的战略决策是一种为了实现商业目标而开展的高阶商业计划，其重要性在于保护所有利益相关者的利益。然而不幸的是，许多组织往往过于关注架构层面的东西，而忽视了数据以及数据是如何支撑商业目标和满足利益相关者需求的。数据治理让与数据相关的需求和商业战略连成一体，并通过一个跨越人、流程、技术以及数据的框架来实现，该框架重点关注文化是如何支撑商业目标及其他目的的（如图 15-1 所示）。

数据治理确保数据的战略一致性（如图 15-2 所示），以支持所有利益相关者的业务战略，而数据管理则侧重于开展符合数据治理策略、原则和标准的活动，以交付可信的数据。数据管理活动通常以项目为中心，定义能够短期交付的活动，而数据治理通常被视为为实现长期利益而开展的规划。

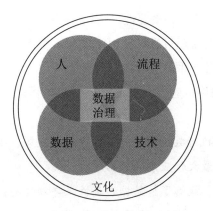

图 15-1　数据治理框架

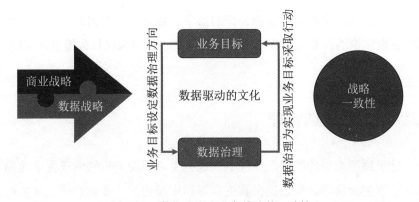

图 15-2　数据治理和业务战略的一致性

数据治理有许多商业驱动因素在内，比如最大程度地降低风险，有效管理成本和增加收入等。此外，随着数据泄露、网络空间安全问题和勒索攻击等事件的持续增加，数据治理还可以在掌握现有数据资产、洞察数据位置分布以及管理和保护数据方面发挥至关重要的作用。

例如，2017 年发生在 Equifax 的数据泄露事件就暴露了 1.47 亿人的隐私数据，如果该公司的执行团队能尽早发起数据治理并在整个组织内实施的话，那么该事件原本是可以避免发生的。因为横跨数据全生命周期的责权机制可以确保公司内部的所有流程和权属都用来保护数据。在战略性数据治理框架下，责权通过适当的工具和流程来定义并确保其有效执行。然而当时，Equifax 的首席执行官宁愿承担风险，也不愿意投资数据治理的战略计划，从而酿成悲剧。从这个不幸的案例中，我们可以更好地理解在组织中开展数据治理的价值和重要性。

尽管每一个数据治理目标可能因所处的组织而有不同,但还是存在一些数据治理框架通用组件,包括:

- 数据治理操作模型,用于定义整个组织中与数据流程相关的角色、职责和责任;
- 指导行为和执行数据相关决策的原则、政策、程序和标准;
- 有利于数据最大化应用的数据质量;
- 元数据管理,能够了解数据的属性级详细信息;
- 数据生命周期管理,确保所有阶段都支持使用数据以实现业务价值。

数据治理提供对分析基础设施的监督,包括其是如何从所有类型的数据中提取价值的。数据治理的组件支持优先级调整来执行数据治理战略。

2. 数据生命周期管理

对于每种类型的数据,通过了解数据生命周期来识别治理需求尤为重要。数据生命周期是指数据在其生存周期中经历的一系列阶段。许多组织在结构化数据的整个生命周期中都会定义良好的数据治理流程。但是,除了了解传统的结构化数据的生命周期,还必须了解文本数据或其他非结构化数据的生命周期,并考虑它们的治理需求。对于所有类型的数据,在使用时都会从中提取价值。结构化数据通常与需要可信数据的事务相关联。文本数据或其他非结构化数据可能用于为分析和业务决策构建数据科学模型或交互式可视化分析方法。尽管数据的价值在于应用,但数据治理需要了解数据生命周期,以确保每个阶段都能被纳入治理。

为了正确管理数据,需要在所有数据的每个数据生命周期阶段使用数据治理框架(人员、流程、技术和数据)。表 15-1 是数据生命周期各阶段以及按数据类型划分的每个阶段的一些注意事项。

表 15-1 数据生命周期各阶段以及按数据类型划分的每个阶段的一些注意事项

数据生命周期各阶段	结构化数据	文本数据	其他非结构化数据
捕获	数据源是否有效？身份是否验证？	数据来源是什么？背景是什么？内容是否可信？	数据源是否有效？身份是否验证？
创建或生成	数据是保密的吗？数据是否可认证？	有对消息来源的准确描述吗？有分类标准吗？	允许使用吗？
存储	存储或共享哪些数据？存储的数据是否受到保护？	数据是否可访问？需要保护的是什么？	存储或访问的是什么？
处理或维护	要更改的触发器或规则。在移动之前要转换哪些数据？	哪些数据可以转换？应该清理哪些数据？	谁批准或需要知道变更？数据压缩规则是什么？
使用	可证明的数据集是否可供使用？谁应该拥有或批准访问权限？	是否有正确的数据可用？它的格式正确吗？谁应该拥有访问权限？谁应该批准访问权限？	可用的或允许使用的？有哪些约束或限制？
处置	是否有归档或处置数据的策略？数据是否并发？	是否有归档或处置数据的策略？	是否有归档或处置数据的策略？

随着物联网的发展，各种类型的数据都在生成。例如，非结构化数据是通过每次点击或互联网交互生成的，可能与个人的数字足迹有关。由于生成了如此多的数据源，我们必须考虑个人隐私和道德问题，如果组织收集或使用这些数据，则需要在整个生命周期中进行数据治理。

在数据生命周期的每个阶段都应考虑数据隐私和安全性。

3. 数据质量管理

数据质量是数据治理的另一个重要组成部分，随着越来越多的 AI 模型从数据中生成，数据质量变得越来越重要。要让分析基础设施能够支持所有终端用户（包括数据科学家）的需求，数据质量至关重要。例如，数据科学有许多数据依赖取决于高质量的数据，如图 15-3 所示。如果不考虑质量，偏差和其他问题可能会影响机器学习解决方案的设计。大多数组织使用与六西格玛 DMAIC（定义、测量、分析、改进和控制）方法类似的方法，对结构化数据的数据质量管理流程进行了明确定义。然而，非结构化数据或文本数据的数据质量更是一个挑战，要确保可信结果的质量维度得到满足。

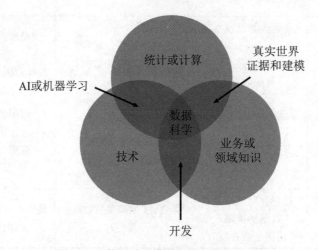

图 15-3　数据科学模型依赖于数据治理

数据质量的维度主要包括完整性、准确性、一致性、有效性、唯一性、及时性和完整性，当然还包括另一个不常讨论的维度，即并发性。其中，驻留在不同位置的数据的一致性是经常被重点关注的维度之一。当数据被抽取、转换、加载到不同的地方时，应该充分了解该数据的治理。数据质量的一种常见的定义是"数据质量是数据适合使用的程度"，该定义有助于支持并增加将非结构化文本数据转换成结构化数据并进行分析的价值。当使用来自数据湖仓的数据时，将所有类型的数据结合在一起使得实现标准质量流程和定义数据质量规则及其流程变得更加容易。

4. 元数据管理的重要性

元数据管理是最重要的数据治理学科之一。元数据是支持数据使用价值的另一种数据，其种类包括技术元数据（technical metadata）、业务元数据（business metadata）和操作元数据（administrative metadata），如图 15-4 所示。数据字典（data dictionary）通常被称为管理元数据的存储库，用于定义属性级的详细信息，诸如实体（entity）、表（table）、数据集（data set）以及相关字段（field）、列（column）和数据元素（data element）。数据目录（data catalog）用于采集、存储和检索数据。随着数据治理的发展，元数据还可以帮助管理和实施数据治理策略，如用户权限等。

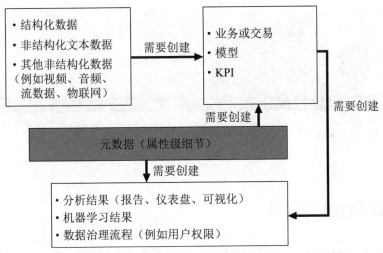

图 15-4　与跨所有类型数据的元数据的重要性相关的元数据框架

5. 随着时间推移的数据治理

随着时间的推移，数据治理也随着业务环境和技术的变化而演化。在这一演化进程中，数据治理成熟度不断提高，企业开展数据治理的意识也不断增强，如图 15-5 所示。因此，据估计，随着数据量的增长，数据治理市场在 2021—2026 年将有显著增长。

更快的技术处理能力和技术解决方案也在推动着数据治理的需求增长。此外，由于 2019 年新冠肺炎疫情的全球大流行，许多公司很快认识到数字化转型对其生存的重要性，这也产生了对数据治理的新需求。

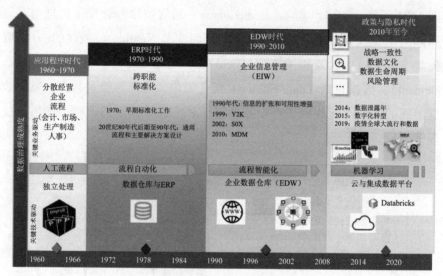

图 15-5　数据治理的演变

6. 数据治理的类型

随着数据治理成熟度越来越高，人们意识到数据治理带来的价值也随着时间的推移而提高。尽管人们对数据治理的认识和需求有所增加，但对于什么是数据治理，以及数据治理与其他类型的治理模式（如信息治理、BI 治理、云治理或模型治理）的异同，仍然存在一些困惑。随着技术的进步，数据治理和信息治理通常可以互换使用。例如，在使用非结构化文本数据时，可能存在由信息治理控制的、关于使用该数据进行分析的政策。数据治理策略应与非结构化文本数据的使用保持一致，并与有关法规遵从和安全性的公司策略保持一致。所有治理计划都有相似之处，因为它们都侧重于满足业务目标，但也存在一些主要差异（如图 15-6 所示）。

- 数据治理提供了管理与广泛战略计划相关的数据的战略愿景;
- 信息治理关注记录管理以及存储或使用文档及其他信息(如书写、绘图或数据汇编)的法律要求;
- 商业智能治理专门治理 BI 报告和仪表板;
- 数据湖仓或云治理可监控并降低与 IT 环境相关的风险;
- 模型治理专门治理数据科学模型,以将模型风险或偏差降至最低。

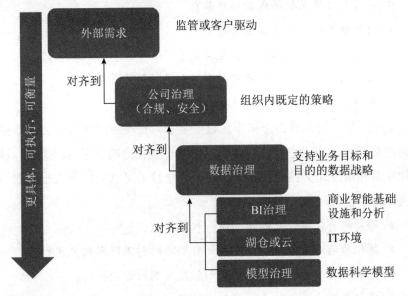

图 15-6　数据治理的类型

　　为确保组织符合法规或其他要求,需要进行治理战略活动,并在更具体、可执行和可衡量的级别进行治理。

7. 贯穿数据湖仓的数据治理

　　数据治理将继续随着新技术驱动的数据挑战(如机器学习、商业智能可视化、知识图谱、VR、非结构化文本数据、音频、视频和其他不断发展的技术)的发展而不断发展。当大量不同类型的数据为满足终端用户(例如数据科学家或分析师)的需求聚集在一起时,可能很难实施治理。治理问题包括以下几个方面：

- 如何使用这些数据?
- 这些数据来自哪里?
- 使用了哪些规则来转换数据?
- 谁有权访问这些数据? 谁应该或不应该拥有访问权限?
- 数据或数据产品是否共享?
- 是否允许使用数据或数据产品?
- 使用数据的质量是否值得信任?
- 用于构建数据产品的数据是否正确?
- 权限治理模型是否具有可扩展性和灵活性来管理访问?
- 用户是否拥有确保使用正确数据的工具?

处理这些问题的解决方案不应过于复杂，也不应限制需要访问数据的利益相关者。 数据湖仓技术可以帮助满足一些特定的数据治理要求，以更好地应对和治理此类挑战。此外，数据湖仓技术可以支持一些重要的治理解决方案，包括：

- 跨越所有数据资产的单一统一权限模型;
- 简化的治理流程，可在添加新数据源时利用现有用户规则;
- 能够对表、字段和视图定义细粒度级别的访问控制;
- 能根据用户或分组来管理用户权限;
- 使用警告和监控功能审核和跟踪操作和操作的审核日志;
- 集成元数据，通过统一目录来包含描述性元数据和操作元数据（捕获、存储和管理元数据）。

8. 数据治理的注意事项

数据治理管理数据，无论数据位于组织内部的何处。此范围可能涉及法规或外部要求定义的第三方提供商。

- 数据治理必须考虑所有数据类型（结构化数据、文本数据和其他非结构化数据）的数据生命周期；

- 随着要治理的数据量和类型的增长，使用数据湖仓可以支持治理需求，即将数据放到中央位置可以支持一些治理的需求；

- 随着技术的成熟，数据治理必须包括传统治理和当前用于治理数据的集成方法。战略治理应该聚焦需求而无关通过什么工具来实现。

第十六章

现代数据仓库

应用程序替代人完成了许多需要重复劳作的事情，如图 16-1 所示，因此备受诸多公司的青睐，成为企业节省人工以及资金成本的帮手。

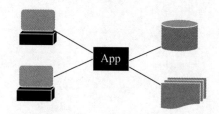

图 16-1　应用程序替代人完成需要重复劳作的事情

人们发现应用程序的好处，是因为它帮助人们完成了以前需要大量人力才能完成的工作。而随着在线应用程序的出现，通过这些在线应用程序，公司还可以做一些以前更是从未做过的事情，比如自动管理预订的系统以及银行柜员系统等。

1. 应用程序的普及

很快，应用程序就普及开来，变得随处可见，如图 16-2 所示。

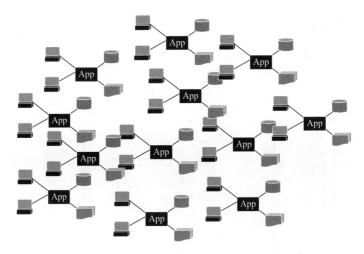

图 16-2 很快就出现大量应用程序

2. 信息孤岛

受限于应用程序的构建方式，应用程序很容易变成信息孤岛（silo of information）。如果是在同一个信息孤岛内，一个应用程序与其他应用程序通信基本上不会有什么问题，但如果需要跨信息孤岛进行应用程序之间的数据共享与协作的话，事情就变得非常困难。

因此，如何与信息孤岛之外的应用程序协作就成了需要面对的问题，如图 16-3 所示。

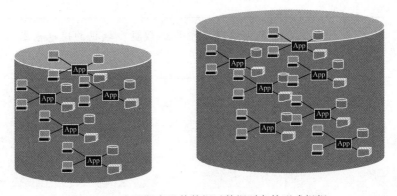

图 16-3 应用程序及其数据以数据孤岛的形式组织

3. 复杂网络环境

进一步加剧信息孤岛问题的推手则是日益复杂的网络环境，在这个环境中，数据被抽取并且分布式地散列在许多不同的地方，如图 16-4 所示。

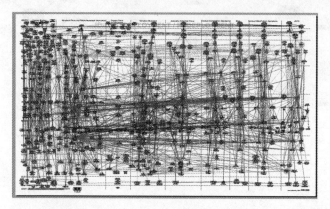

图 16-4　系统和数据产生的信息孤岛催生了一个复杂的网络环境

就目前来看，复杂网络环境面临诸多问题。一是人们试图基于复杂网络环境进行数据维护，二是越来越多的应用程序不断出现，三是越来越多新增的技术、硬件以及更多的咨询顾问只会使复杂网络环境问题变得更糟，而不是更好。

但复杂网络环境的最大问题还是数据并不完整。相同的数据元素会出现在多个位置，并且在每个位置都可能具有不同的值，如图 16-5 所示。没有人知道该相信什么，也没有人敢相信其中的任何数据。

　　即使可以在复杂网络环境中找到数据，数据的值也根本不可信。

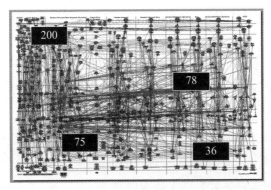

图 16-5　随处可以看到同样的数据元素却具有不同的值

4. 数据仓库

数据仓库等架构级解决方案的出现，为在复杂网络环境中解决信息孤岛问题带来希望。数据仓库要求将业务操作系统与分析系统分离，如图 16-6 所示。事实上，这两种系统在体系结构和性质上也是大相径庭的。

在数据仓库最初问世的时候，系统分离实际上是一个很激进的概念。当时的传统观点是要将这两种类型数据的处理合并到一个数据库中进行。但数据仓库的概念与此截然相反，因此遭到供应商和学术界的强烈反对。

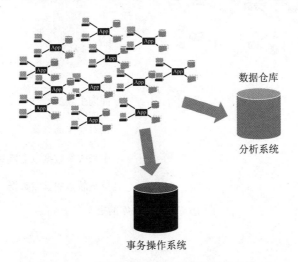

图 16-6　数据仓库主要用于支持数据分析

5. 数据仓库的定义

到底什么是数据仓库？本书给出的定义如下（如图 16-7 所示）：

● 面向主题的；

● 集成的；

● 相对稳定的；

● 反映历史变化。

数据仓库用来收集数据以支持管理决策。

有关数据仓库还有一种说法：数据仓库具有单一版本的真实数据。数据仓库中的数据来源有如下特点：

● 正确性；

● 完整性；

● 精准性；

● 易于访问；

● 粒度好，能够被任何期望使用这些数据的人重塑。

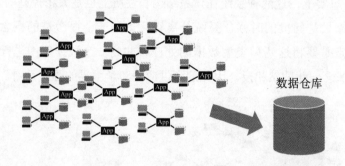

数据仓库

面向主题的
集成的
相对稳定的
反映历史变化
用来收集数据以支持管理决策

单一版本的真实数据

图 16-7　数据仓库的定义

6. 历史数据

数据仓库的一个特点是能存储历史数据。在数据仓库出现之前，为了提高公司事务的处理性能，应用程序会尽快将历史数据从事务处理环境中丢弃。而数据仓库成了非常适合存储历史数据的地方。

人们非常有必要翻阅历史数据，因为如果人们想了解自己的客户，就需要了解这些客户的历史。由于客户的行为往往是有惯性的，了解客户的历史是预测客户未来行为的关键。

数据仓库的另一个特点是，它是为进行分析处理而设计的，而不是对正在运营的事务进行处理，如图 16-8 所示。在线事务处理并不需要数据仓库的支持。

数据仓库

历史数据
非运营事务数据处理

图 16-8　数据仓库主要处理历史数据、非运营事务数据

7. 关系模型

数据仓库的基础是关系模型。关系模型可以方便地满足最终用户的分析需求。此外，关系模型与数据仓库所在的数据库管理系统非常匹配。

数据仓库中的数据是颗粒状的，如图 16-9 所示。数据仓库中数据的粒度允许为了实现分析处理的目的而对数据进行重塑。数据仓库中的数据就像沙粒，沙子可以被加热并重新制成许多不同的形式。像硅一样，沙粒也可以被制成半导体、眼镜、身体的组织器官等。

关系模型

图 16-9   数据仓库的基础是关系模型

8. 数据的本地形式

来自数据仓库的数据要有本地的视角，不同的组织需要以不同的方式查看数据仓库中的数据，因此在数据仓库的基础上产生了数据集市。数据集市以不同组织塑造所需数据的方式组织数据。市场部门有其数据集市，销售部门有其数据集市，财务部门也有其数据集市，等等。

通常，数据集市利用维度模型进行构建，并被组织成星形连接，如图 16-10 所示。

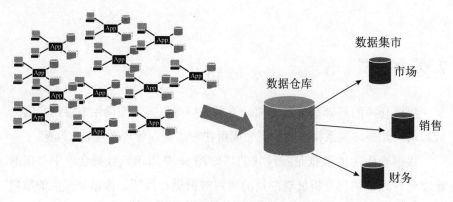

图 16-10   数据集市基于数据仓库构建

9. 集成数据的需要

数据仓库的一个本质是：一旦数据被放入数据仓库，就需要被集成。事实上，如果数据在被放入数据仓库时没有被集成，那么就没有应用到数据仓库的必要。数据集成的最终结果是创建企业范畴数据（enterprise wide data）。

数据集成需要在许多不同的级别进行。一个级别是语义层面。在语义层面，数据的定义和命名要有一致性。例如在某一个地方，性别被指定为"M"和"F"；而在另一个地方，性别可能被指定为"男性"和"女性"；在其他地方，性别还会被指定为"1"和"0"。当数据被放入数据仓库时，需要对性别进行唯一指定。如果性别没有被指定为企业范畴数据，则需要进行转换。

集成数据面临的问题是，它的工作量比较大，并且在处理上具有复杂性。集成数据就像春天在后院种植西红柿，不弄脏手，就不能种西红柿。同样，如果不"弄脏"双手，就无法进行数据集成。但顾问和供应商讨厌"弄脏"自己的手。

依照特定数据模型来设计数据仓库和制定 ETL 流程是将数据从其应用程序数据库转换成相应企业范畴数据的必经之路，如图 16-11 所示。当然也可以在没有数据模型的情况下进行转换，但强烈建议使用数据模型提供的指导。

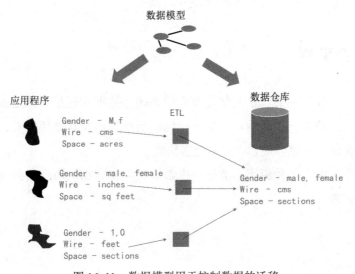

图 16-11　数据模型用于控制数据的迁移

10. 时过境迁

然而，上述特征只是数据仓库最初的特征。

新的时代已经到来（如图 16-12 所示）。今天的世界远比数据仓库最初被构想出来时更加多样化和复杂，有新的技术发明，有新的架构创新，还有新的数据类型产生。

那么，什么是现代数据仓库呢？

图 16-12 新的时代已经到来

11. 当今世界

当今世界发生的一个变化是今天的系统（数据和程序）比过去分布得更广泛，如图 16-13 所示。与早期相比，当今数据及其处理形式、访问接口等将会出现在更多地方，具有更多格式。

如今，由于各种原因，数据仓库都被放置在云端，而且数据仓库很适合置于云端。

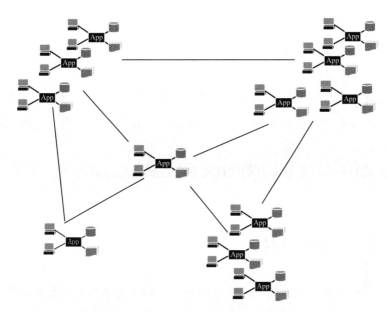

图 16-13 大多数处理是分布式的

当今世界发生的另一个重大变化是公司中出现了不同类型的数据，如图 16-14 所示。当然，公司的业务系统会生成基于事务的数据。基于事务的数据从一开始就存在，并且没有显著变化。

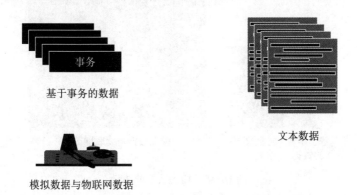

图 16-14 当今的数据类型

此处还存在文本数据。许多非常重要的信息都以文本数据的形式存在。呼叫中心的对话、医疗记录、公司合同和更多类型的文件等都以文本的形式出现。管理层需要在决策过程中考虑这些类型的信息。因此，文本数据是现代数据仓库的组成部分。

另一种可用的数据类型是模拟数据与物联网数据。日常的机器处理产生大量数据，这类数据有很多价值。模拟数据与物联网数据也属于现代数据仓库。

因此，现在不仅数据是分布式的，还有许多不同的数据类型（很多类型的数据在数据仓库的早期是不可用的）。所有这些要素构成了现代数据仓库。

数据的分布和数据本身的组成对现代数据仓库的定义产生了影响。

12. 不同体量的数据

关于可用的新数据类型，有趣的是，每种类型的数据的数据量都有很大的不同，如图 16-15 所示。文本数据比基于交易的数据多得多，模拟数据与物联网数据甚至比文本数据还要多。

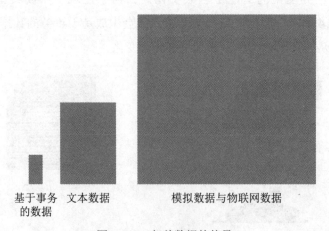

基于事务　文本数据　　　　模拟数据与物联网数据
的数据

图 16-15　相关数据的体量

数据体量的差异是以数量级为单位来衡量的，这不是一件小事。

数据量对系统的构建和配置有很大影响。此外，大体量的数据意味着更多的资金成本。

所有这些因素都影响了现代数据仓库的定义。

13. 数据与业务的关系

除了不同来源的数据的体量存在显著差异外，另一个相关问题是具有业务价值的数据在全部数据中的占比，如图 16-16 所示。当涉及基于事务的数据时，几乎所有的基于事务的数据库都具有业务价值，其中一些数据具有很大的商业价值，其他的数据也具有一定的价值。但一般来说，大多数基于事务的数据都有一定的业务价值。

当涉及文本数据时，一些文本数据具有很大的商业价值，但有许多文本数据没有业务价值或业务相关性。当我在周六晚上向我的女朋友发出约会邀请时，这种交流与商业无关。

对于模拟数据与物联网数据，有一小部分模拟数据与物联网数据具有业务价值，但有大量模拟数据与物联网数据没有商业价值或相关性。由于模拟数据与物联网数据之间的业务价值存在巨大差异，因此有必要提取它们，并分离出具有业务价值的数据和没有业务价值的数据。具有业务价值的模拟数据与物联网数据可放在现代数据仓库中。

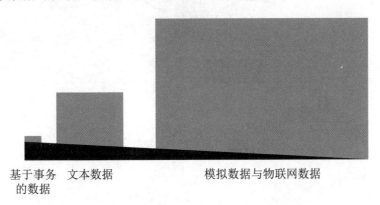

基于事务　文本数据　　　　　　模拟数据与物联网数据
的数据

图 16-16　不同类型数据中业务价值的相对百分比

14. 将数据纳入数据仓库

那么，如何将数据纳入现代数据仓库呢？基于事务的数据通常通过标准 ETL 加载到现代数据仓库中。许多人尝试使用 ELT 技术，但 ELT 只是 ETL 的一个简陋的替代品而已，因为当人们使用 ELT 时，人们很容易忘记完成"T"（转换）的工作，但这意味着根本就没有创建数据仓库。消费者最终不会满意 ETL 所生产的产品。

人们可以通过文本 ETL 将文本加载到现代数据仓库中。文本 ETL 曾经需要通过 NLP 完成，并且费力，复杂，成本高昂。现在商业化的 NLP 叫作文本 ETL。与 NLP 不同，文本 ETL 简单、快速而又廉价。

模拟数据与物联网数据通过蒸馏软件（distillation software）加载到现代数据仓库中。蒸馏软件将非业务相关数据从业务相关数据中分离出来。"蒸馏"之后，只有与业务相关的模拟数据与物联网数据才能进入数据仓库，如图 16-17 所示。

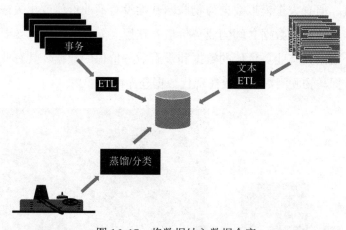

图 16-17　将数据纳入数据仓库

15. 现代数据仓库

现代数据仓库是什么样子的呢？它是分布式的。现代数据仓库通常兼容于多个平台。在少数情况下，现代数据仓库仍然会以集中式的形式存在，但现在更常见的是分布式的形式。

因此，与其说现代数据仓库是单一的集中式结构，不如说它是一种逻辑结构，如图 16-18 所示。为了控制分布式现代数据仓库，需要一个分析基础设施。

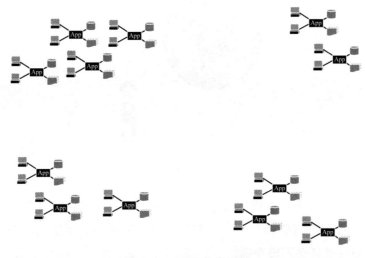

图 16-18　现代数据仓库

那么如何去定义现代数据仓库呢？现代数据仓库应当是：

● 面向主题的；

● 集成的；

● 相对稳定的；

● 反映历史变化的。

现代数据仓库用来收集数据，以支持管理决策。

如果这个定义听起来很熟悉，那么也是理所当然的。它与数据仓库最开始创建时的定义相同。尽管支持数据仓库的技术、数据类型和技术架构发生了巨大变化，但数据仓库的定义并没有改变。

即使数据仓库的技术实现发生了变化，数据仓库仍然是数据仓库。

16. 什么时候我们不再需要数据仓库？

有一个问题经常被问到：数据仓库什么时候会消失？答案是：当人们不再需要可信数据的时候，数据仓库就会消失。当人们不再需要准确、完整、最新且易于访问的数据时，数据仓库就不再存在，如图 16-9 所示。

图 16-19　数据仓库什么时候会消失？

数据仓库对于企业做出良好的决策至关重要，就像空气对于生命一样。什么时候不需要氧气？当没有生命时，那就不需要空气。但只要有生命，空气就是必不可少的。

17. 数据湖

有一些供应商建议将原始数据放入数据湖，这样可以满足终端用户的分析需求。但人们发现，数据湖很快就会变成"数据沼泽"或"数据臭水沟"，没有人能在里面找到任何有用的东西。没有人知道数据的含义或定义，没有人可以将一段数据与另一段数据关联起来。这种混乱的结果最终导致没有人会继续使用数据湖。数据湖就在那里，但数据湖很快就会变成"数据沼泽"或"数据臭水沟"。

此时数据湖需要的是一个分析基础设施，以便将湖内的数据转化为可用的东西。当数据湖变得有用时，它才可以被称为数据湖，如图 16-20 所示。

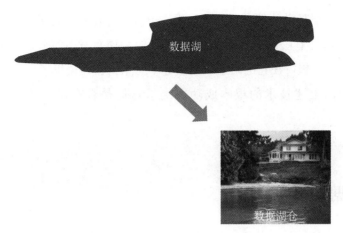

图 16-20　从数据湖到数据湖仓

18. 以数据仓库作为基础

与数据仓库相关的另一个问题是人们试图在数据之上构建各种技术，其中包括数据网格、数据集市、AI、ML、BI 等，如图 16-21 所示。在数据仓库之上构建这些复杂工具的机构取得了巨大成功，因为它们操作的数据是经过审查的可信数据。但是，那些试图在数据仓库之外的其他设施上构建这些技术的机构好比在沙地上建立其分析处理的基础，一次风暴将很容易将这些基础吹倒。灰泥和疏松的沙子并不能为尖端技术奠定坚实的基础。

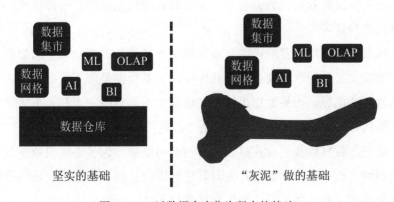

图 16-21　以数据仓库作为坚实的基础

不在一个坚实的基础上构建技术，就像旧金山市中心的大型公寓楼没能建立在基岩上一样。这座将近 60 层高的大楼会发生沉降，当大楼倒塌时，你肯定不想待在它的附近，当然更不愿意待在大楼里了。

因此，上述技术的根本成功取决于它们是否在可靠数据的基础上执行。

19. 数据堆栈

许多年前，在美国西部的荒野地区，有销售人员销售"万灵药"，声称可以治愈任何人患有的疾病，可以治愈的疾病包括癌症、风湿病、肺结核、哮喘等。显然，这些推销员都是骗子，他们的"万灵药"什么也治不好。

这些人被称为"骗人的万灵药"推销员。

今天，有人试图通过销售所谓的"现代数据堆栈"来重新定义数据仓库。他们使用"现代"一词来暗示他们更了解数据仓库是什么，并且他们可以用他们神奇的数据堆栈来产出成果。

那么，你如何判断这些现代数据堆栈推销员向你推销的是"万灵药"还是真东西？可以请数据堆栈推销员证明其数据堆栈能做以下几件事。

第一，数据堆栈必须能集成数据。供应商和顾问往往都会避开数据集成，仿佛它是一场瘟疫一样。但数据集成是任何数据仓库的必要组成部分，而不仅仅针对现代数据仓库。如果数据堆栈无法进行数据集成，那么它就是"万灵药"。

第二，数据堆栈要能读取文本并将文本转换为数据仓库中的数据。文本和上下文必须包含在现代数据仓库中。文本数据是现代数据仓库的一个非常重要的部分，如果数据堆栈无法读取文本、查找文本和上下文并生成可分析的数据库的数据，那么它就是"万灵药"。

第三，数据堆栈包含模拟数据与物联网数据。为了将模拟数据与物联网数据纳入数据仓库，必须首先对其进行读取、提取和组织。它们是现代数据仓库的重要组成部分。如果数据堆栈无法正确处理模拟数据与物联网数据，那么它就是"万灵药"。

第四，数据堆栈要能处理数据血缘。数据血缘与现代数据仓库的其他方面一样重要。分析人员除非知道所有关于数据血缘的信息，并且能够在数据堆栈中支持它，否则是不知道自己在处理什么的。如果数据堆栈推销员无法指出在哪里处理数据血缘，更无法将其合并到现代数据仓库中，那么它就是"万灵药"。

"万灵药"推销员的问题是，他们出售人们以为是解决办法的东西。最终，人们发现自己还是没有得到一个真正的解决方案，并将此归咎于数据仓库。但真正有问题的是"万灵药"供应商和轻信供应商的无知的客户，而不是现代数据仓库。

当心这些现代数据仓库数据堆栈推销员，买家要注意让推销员证明他们卖的的确不是"万灵药"。